メカトロニクス入門

初澤 毅 著

培風館

本書の無断複写は，著作権法上での例外を除き，禁じられています。
本書を複写される場合は，その都度当社の許諾を得てください。

はじめに

メカトロニクス (mechatronics) とは，メカニズム (機械) とエレクトロニクス (電子工学) を結合した和製英語が語源であるが，今日ではコンピュータなどの頭脳をもった機械，ひいては技術全体をさす用語としてすっかり定着している．ロボットなどはメカトロニクスの典型であるが，そのほかにも自動車，工作機械，プリンタなど，われわれの身のまわりにある少し "高級" な機械類は，ほとんどがメカトロニクス機器といってよいであろう．すなわち，機械系の技術者，学生といえども，電子回路設計，デジタルインターフェース，パソコンのプログラミングを用いて機械の設計を行うことが必須となっている．

このような技術は，機械，電気・電子，情報にわたる広範な技術の集大成であり，メカトロニクス技術すべてを一冊の本にまとめることは極めて難しい．そこで本書では，機械系の学生諸君がメカトロニクス技術の基本的な部分を学習できるように，各要素技術の基礎を集積して，技術全体の入口役を果たすことに重点をおいている．たとえば，メカトロニクスの代表であるロボットに使われる技術要素を考えてみると，次のように構成されよう．

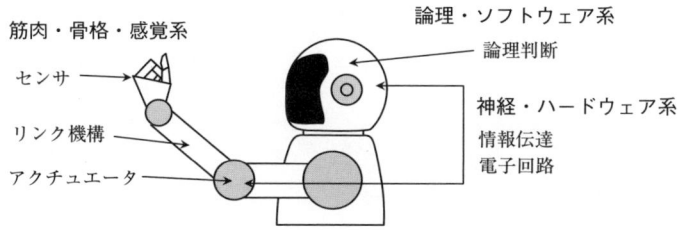

1. アクチュエータ，センサ，動力伝達機構などの筋肉・骨格・感覚系
2. 電子回路，論理回路，インターフェースなどの神経・ハードウェア系
3. 制御理論，PCソフトウェアなどの論理・ソフトウェア系

　本書では，これら3分野の内容を3〜4章ずつの単元とし，基礎から具体例までをまとめた．特に電子回路やインターフェース，プログラミングなどは，機械系学部3年生の授業や実習で使用した実績のあるものを載せ，基本的なメカトロニクスシステムの例として，モータのサーボ機構の構成方法がわかることを目標とした．ただ，盛り込むべき内容とページ数の都合もあり，学生諸君にとっては物足りない記述があるかもしれない．これについては巻末に参考書をあげるとともに，関連のインターネットサイトも示してあるので，学習の一助として欲しい．同様に，ネットによる専門用語などの検索も強力な学習補助ツールとなるであろう．

　本書をまとめるにあたって，多くの著作，関連ホームページを参考にさせていただいた．また，カタログなどの資料をこころよくご提供いただいた会社にも謝意を表する．

　最後に，本書の執筆機会を与えてくださった東京工業大学大学院 岸本喜久雄教授，培風館編集部の松本和宣氏，校正でお世話になった馬場育子氏に厚くお礼申し上げる．

2005年2月

すずかけ台キャンパスにて

初澤　毅

目　次

1　アクチュエータ — 1
1.1　直流モータ　1
1.2　交流モータ　8
1.3　その他の電磁アクチュエータ　13
1.4　圧 電 素 子　18
1.5　流体アクチュエータ　21
演習問題 1　24

2　センサ — 25
2.1　位置センサ　25
2.2　力・圧力・加速度センサ　32
2.3　温度センサ　38
演習問題 2　41

3　動力伝達機構要素 — 43
3.1　動力伝達機構　43
3.2　案 内 機 構　52
演習問題 3　56

4　電子回路の基本要素 — 57
4.1　抵　　抗　57
4.2　コンデンサ　63
4.3　コイル　67
4.4　受動素子による回路　69
4.5　トランス　71

4.6 リレー　74
演習問題 4　76

5　半導体回路要素 — 77

5.1　半　導　体　77
5.2　ダイオード　79
5.3　トランジスタ　83
5.4　電界効果トランジスタ　86
5.5　その他の半導体電力制御素子　88
5.6　オペアンプ　90
演習問題 5　98

6　デジタル代数と論理回路 — 99

6.1　2 進数による表現　99
6.2　基本的な論理演算と回路記号　102
6.3　ド・モルガンの定理　106
6.4　論理回路のタイムチャート　107
6.5　ゲート回路　109
6.6　公式による論理式の簡略化　109
6.7　カルノー図を用いた簡単化　110
6.8　組合せ論理回路の例　111
演習問題 6　115

7　デジタル回路要素 — 117

7.1　フリップフロップ　117
7.2　カウンタ回路　122
7.3　ラッチとシフトレジスタ　125
7.4　マルチバイブレータ　126
7.5　D/A コンバータ　128
7.6　A/D コンバータ　130
7.7　デジタル IC の実際　132
演習問題 7　136

8　メカトロニクス制御の理論 — 137

8.1　シーケンス制御　137
8.2　フィードバック制御系　140
8.3　伝　達　関　数　143
8.4　直流モータのフィードバック制御系　149

目　　次　　　　　　　　　　　　　　　　　　　　　　　　　　v

　　8.5　周波数応答　154
　　演習問題 8　158

9　**モータの制御機構** ─────────────────── *161*

　　9.1　モータ駆動回路　161
　　9.2　モータの間欠正逆回転駆動制御　166
　　9.3　モータサーボ機構　167
　　9.4　ロータリーエンコーダの信号処理回路　168
　　9.5　モータサーボ機構の一般構成　170
　　演習問題 9　171

10　**コンピュータの構成** ───────────────── *173*

　　10.1　コンピュータのハードウェア　173
　　10.2　ソフトウェア　178
　　10.3　デジタルプロセス制御とハードウェア　180
　　10.4　AT 互換機のアーキテクチャ　180
　　演習問題 10　185

11　**コンピュータによる機器制御** ─────────── *187*

　　11.1　データの入出力の基本　187
　　11.2　入出力のソフトウェア　190
　　11.3　パラレルポート用 IC　193
　　11.4　信号線の接続　197
　　11.5　PIC　200
　　11.6　コンピュータによる機器制御の実際　202
　　演習問題 11　203

参考文献・関連ホームページ ─────────────── *205*

演習問題の解答 ─────────────────────── *207*

索　　引 ────────────────────────── *213*

1 アクチュエータ

メカトロニクス機器を動かすためには，メカニズムを駆動するための**アクチュエータ** (actuator) が必要となる．アクチュエータとは，本来，電気，流体などの信号により制御機器を駆動する機械類の総称であるが，今日では駆動要素一般をさす用語としても用いられる．電磁力を使用するモータが最も一般的なものであるが，圧電効果や超音波，空圧，油圧などを駆動原理としたアクチュエータが用いられる場合もある．本章では，各種アクチュエータの原理と特性について示し，メカトロニクス機器の駆動源としての特徴を把握する．

1.1 直流モータ

直流モータは電圧による速度制御が行いやすいため，サーボモータなどとして多数使用されている．ここでは駆動原理とともに，直流モータの構造，特性などを示す．

1.1.1 駆動原理

直流モータの回転原理を図 1.1 のような回転コイルで考えてみよう．n 回巻かれたコイルの両端に**整流子** (commutator) とよばれる半円筒型の接点を取り付け，軸まわりに自由に回転可能にしておく．整流子に電流を流すため，**ブラシ** (brush) とよばれる板ばね状の金属片を接触させ，直流電源を接続する．コイルを一様な磁場 B 中に置き，電流 i を流すと，磁界と垂直な長さ l の部分には**フレミングの左手の法則** (Fleming's left-hand rule) により電磁力

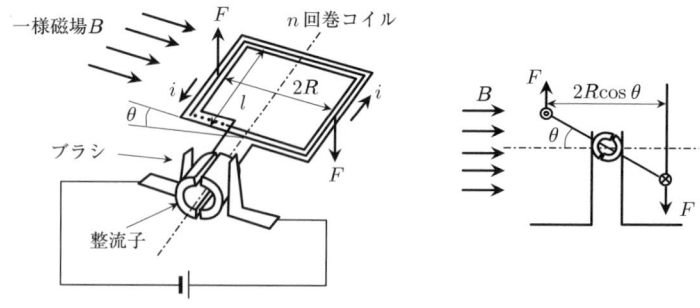

図 1.1 回転コイルによる直流モータの原理

$$F = niBl \tag{1.1}$$

が働く.これはコイルの左右両側で逆向きに作用するので,発生するトルク T は偶力となり,コイルの半径 R を用いて,

$$T = 2FR\cos\theta = 2niBlR\cos\theta \tag{1.2}$$

が得られる.

式 (1.2) では,θ が 90°を過ぎると cos 項が負となるためトルクも負となって,回転方向が逆転するようにみえる.しかし実際には整流子とブラシの接触が変わり,コイル中を流れる電流が前とは逆になり,F の向きも反転するため,同方向の回転トルクが連続して発生する.回転角 270°の場合もこれと同様の変化により,同方向に継続してトルクが生じる.結局,式 (1.2) は,

$$T = 2niBlR\,|\cos\theta| \tag{1.3}$$

のように書き表され,整流子という機械要素は,数学的には絶対値演算の働きを果たしていることになる.このように直流モータでは,コイルを流れる電流の向きを整流子とブラシを用いて巧みに切り替えることにより,連続的に同方向の回転トルクを発生させている.

1.1.2 実際の直流モータ

式 (1.3) で表される 2 極モータで発生するトルクは,図 1.2 に示すような正弦波の折り返し形状となり,回転角によってむらがあることがわかる.また,

1.1 直流モータ

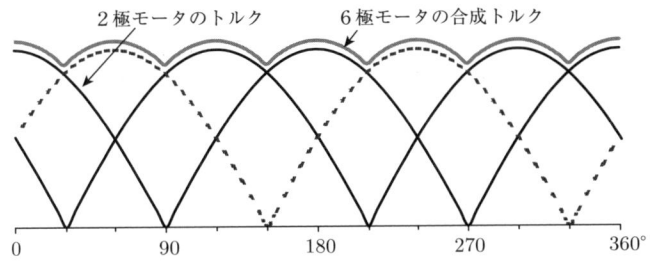

図 1.2 回転角によるトルク変動の様子

90°，270°は死点となっており，この位置からの起動は不可能である．

実際のモータはこれらの現象を避けるため，図 1.1 のコイルを複数，適当な位相をもたせて配置している．たとえば 6 極モータでは 60°おきにコイルを配置するため，図 1.2 のようにトルクも 60°ずつ位相のずれたものの合成となり，2 極モータに比べて滑らかなトルクが得られる．また，回転部の慣性もトルク変動を少なくするように作用する．一般に N 極モータのトルクは，次式で表される．

$$T = \sum_{k=0}^{N-1} 2niBlR \left| \cos\left(\theta + \frac{2\pi k}{N}\right) \right| \tag{1.4}$$

実際の回転コイルは，中心に強磁性体である鉄心を用いて磁力を強くするよう工夫がなされ，整流子と一体構造の**電機子** (armature)，または**ロータ** (rotor；**回転子**) として用いられる．このとき電機子全体を 1 つの部材で製作すると，図 1.3 のように鉄心中を流れる**渦電流** (eddy current) による損失が大きくなるので，薄い鉄板を重ねた積層鉄心を用いて渦電流を細分化し，全体の損失を低減している．また，整流子には耐磨耗性の銅合金が用いられるとともに，ブラシにはカーボン成型品をコイルスプリングなどで接触する機構が使用される．ブラシは回転接触により磨耗するため，定期的な交換・保守が必要であり，直流モータの最大の弱点となっている．

外部磁界は**ステータ** (stator；**固定子**) により与えるが，磁石部分を**界磁** (field) といい，これまでに示した 2 極構成のほかに，十字状に磁極を配置してトルクを高める工夫をしたものもある．界磁の与え方には，永久磁石による方法と電磁石による方法がある．前者は構造が簡単なため主として小型モータ用として

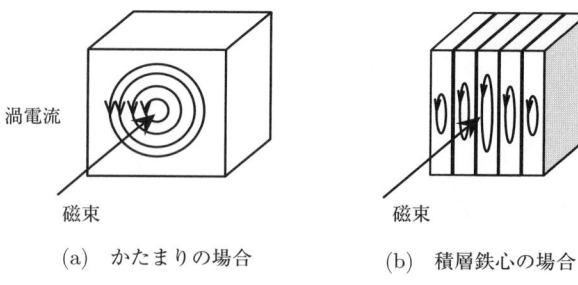

(a) かたまりの場合　　(b) 積層鉄心の場合

図 1.3　磁界の時間変動による渦電流の発生

用いられ，後者は大きな磁力が得られるので大出力のモータに用いられる場合が多い．

1.1.3　永久磁石型直流モータ

模型のモータをはじめとして，身近にたくさん存在する最もなじみの深いモータである．図 1.4 のように電機子を収納するケース内部に永久磁石を組み込み，界磁としている．このモータでは，図 1.5 に示すように，

- 電流とトルクが比例する
- トルクと回転数が反比例する

という特性が得られる．前者は，式 (1.4) により B が永久磁石により与えられることから，明らかである．また後者は右下りのため**垂下特性**とよばれ，回転がゼロのとき最大のトルク $T_{\max}$ が得られることを示している．特性が線形でわかりやすいため，速度制御が必要な場合に，好んで用いられるモータである．

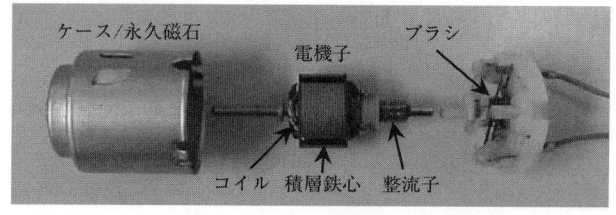

図 1.4　小型永久磁石型直流モータの内部構造

1.1 直流モータ

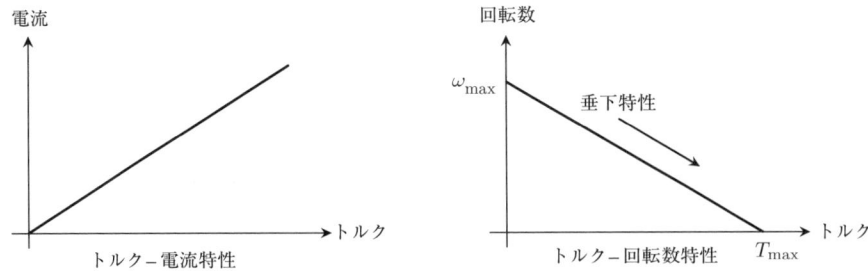

図 1.5 永久磁石型直流モータの特性

1.1.4 コアレスモータ

図 1.6 のように，ロータ部分に鉄心がなくコイルのみでできているモータを，**コアレスモータ** (coreless motor) という．内側に永久磁石を配置し，コイルを周辺に配置したものがカップ型，平板状にコイルを構成したものがフラット型である．また，プリント配線によるコイルを用いたプリントモータや，コイルを平板状に配列したシートコイルモータなどがあり，扁平形状のモータとして使用される．本モータの特長として，

・回転慣性が少ないため立上りが高速

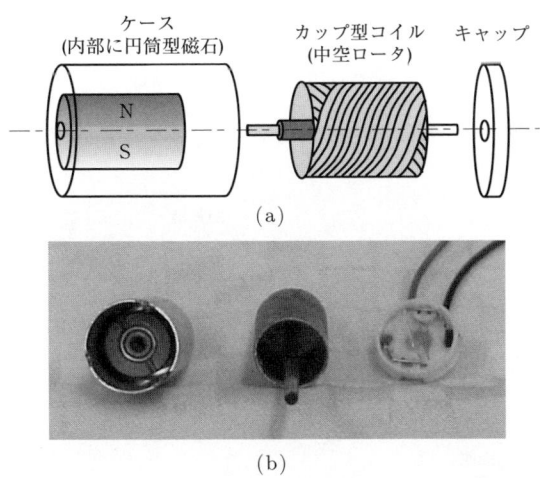

図 1.6 カップ型コアレスモータの構造 (a) と実例 (b)

- 鉄心がないため渦電流損がない
- 電磁誘導現象によるブラシでのスパークが少ない
- 磁石が内側にあるため小径のモータが製作可能

などがあげられる．

1.1.5 電磁石型直流モータ

界磁を電磁石により構成するモータであり，図 1.7 のように界磁コイルのロータへの接続，構成方法により 3 種類がある．**分巻** (shunt excitation) はコイルをロータに並列に，**直巻** (series excitation) は直列に接続したモータである．また**複巻** (compound excitation) は，界磁コイルを分割して並列部分と直列部分を構成したものである．

分巻モータでは，界磁コイルとロータコイルに接続する電源が同一の場合と別々の場合があり，前者を**自励式** (self-excitation method)，後者を**他励式**

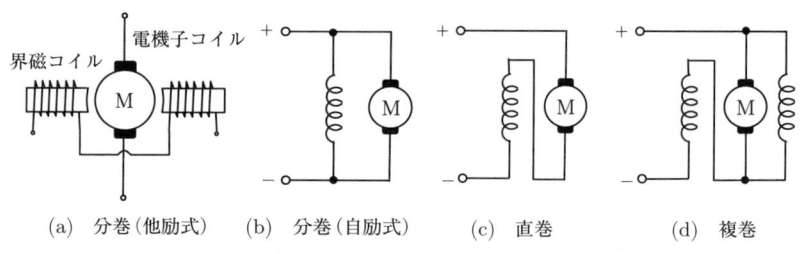

図 1.7 界磁コイルの接続による直流モータの分類

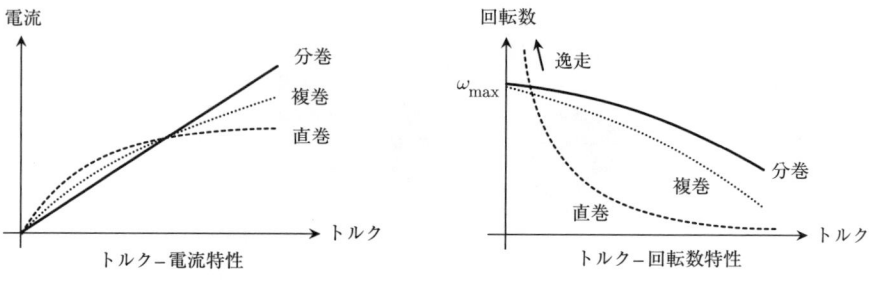

図 1.8 電磁石型直流モータの特性

(separate excitation method) という．分巻モータでは，ロータ電流による速度制御方法に加えて，界磁電流を調節することによっても速度を制御することが可能である．このため，大出力で速度・方向制御を煩雑に行う場合によく用いられている．分巻モータの特性は，図 1.8 に示すようにトルクと電流は正比例し，トルク 0 の無負荷回転数 ω_{max} からの垂下特性を有している．

直巻モータでは，トルクは電流の 2 乗に比例し，トルク 0 のときの理論的な回転数は無限大となる．これを逸走(ranaway)といい，無負荷時の回転数の急変に注意する必要がある．本モータは，トルクが大きいときは回転数が低く，トルクが小さくなるにつれて回転数が急速に大きくなるため，電車，エレベータ，クレーンなど，起動時に大出力を要し，以後は低トルク・高速回転が必要な用途に向いている．

このモータで電源の接続極性を変えると界磁の極性が反転するが，ロータ磁石の極性も反転する．したがって回転方向は変化しないため，交流電源によっても駆動が可能である．この場合は，**ユニバーサルモータ**とよばれる．また，複巻モータは，分巻と直巻モータの中間的な性質をもっている．

図 1.9 は，モータでのエネルギーの入出力関係を示すパワーフローである．電気入力は，コイルの発熱による銅損，鉄心の渦電流損による鉄損，機械的摩擦による機械損などの損失を受け，最終的な機械出力となる．一般的にモータの効率は，およそ 90% と高率である．

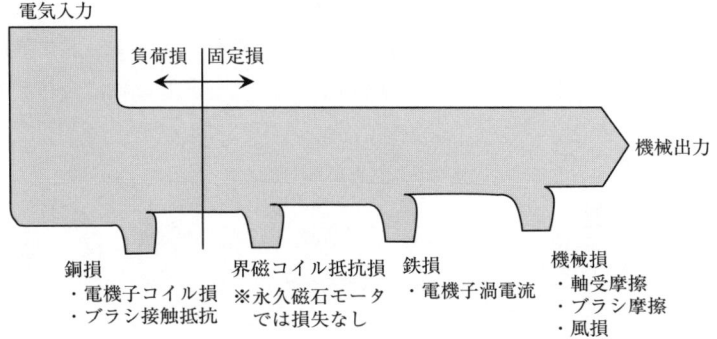

図 1.9　直流モータのパワーフロー

1.2 交流モータ

交流モータはブラシ，整流子が不要で，構造が簡単，頑丈，安価である反面，速度やトルクの制御が難しく，定速度運転に用いられる場合が多かった．最近では，電力制御素子を用いた高機能なコントローラの出現により，これら難点が克服されたため，多くの用途に用いられている．代表的な交流モータには，同期モータと誘導モータがある．

1.2.1 同期モータ

同期モータ (synchronous motor) の回転は，磁石でできたロータの周囲で回転磁界を作り，磁気カプリング作用でロータにトルクを発生させる原理に基づいている．回転磁界の発生法により，いくつかのモータに分類される．

（1） 3相同期モータ

回転磁界を作る方法としては，電力線で使用されている3相交流を直接用いる方法が便利である．これは実効値電圧 V，周波数 $f(=\omega/2\pi)$ で，位相が $120°$ ずつずれた3つの交流電圧 X, Y, Z

$$\begin{cases} X = \sqrt{2}V \times \sin\omega t \\ Y = \sqrt{2}V \times \sin\left(\omega t + \dfrac{2\pi}{3}\right) \\ Z = \sqrt{2}V \times \sin\left(\omega t + \dfrac{4\pi}{3}\right) \end{cases} \tag{1.5}$$

によりロータ周囲の3つのコイルを励磁するものである．

図1.10のように，1相あたり2極，合計6個の電磁石でステータを構成する2極モータの場合，電源1周期で磁界が1周し，ロータもこれに合わせて回転

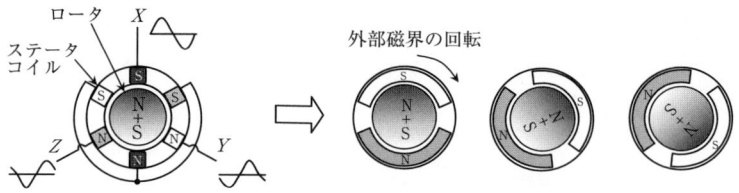

図 1.10　3相同期モータの回転原理

1.2 交流モータ

する．したがって 50 Hz の電源では 3000 回転/分 (rpm)，60 Hz では 3600 rpm と回転数が決まっており，これを**同期速度** (synchronous speed) という．1 相あたり 4 極 (電磁石 12 個) とした 4 極モータでは，電源 2 周期で回転磁界が 1 周するため，同期速度は 2 極モータの半分の 1500 rpm，1800 rpm となる．3 相同期モータには，ロータを永久磁石や電磁石で構成する**マグネット型**と，積層鉄心などを用いて回転磁界でロータ自身を磁化する**リラクタンス型**がある．大動力用のモータとして，幅広く用いられている．

同期モータでは，同期速度で回転している状態が最も安定している．負荷がかかると，ロータは回転磁界に対して一定の角度遅れをもって回転するようになり，トルクの増減によりこの角度も増減する．過大なトルクがかかるようになると，ロータは回転磁界に追従できなくなり，同期ずれを起こして停止してしまう．これを**脱調**，または**同期はずれ**という．

（２） コンデンサモータ

家庭用のコンセントから得られる電源は単相交流であるため，3 相交流のように直接回転磁界を作ることができない．そこで図 1.11 のように，進相コンデンサを用いて位相を 90°進めた交流を作り，直交配置した電磁石に 2 相の電源を接続して回転磁界を発生させる．これを**コンデンサモータ** (capacitor motor) とよび，同期モータの一種として，家庭用，一般用小型モータとして広く使われている．

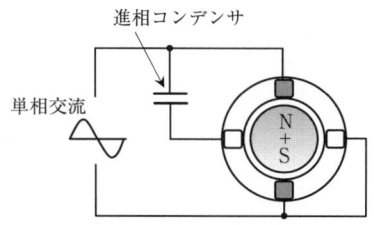

図 1.11 コンデンサモータの構造と駆動原理

（３） くまとりコイルモータ

コンデンサモータと同様に，単相交流で駆動可能なモータとして，**くまとり (隈取) コイルモータ** (shaded-pole motor) がある．このモータでは，図 1.12 の

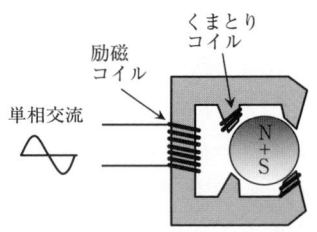

図 1.12 くまとりコイルモータの構造と駆動原理

ように，ステータ磁極の先端に数回コイルを巻いて短絡したくまとりコイル (shaded coil) が設置されている．くまとりコイルには磁極との相互誘導作用により電流が流れるが，この位相は励磁コイルの電流に比べて遅れるため，くまとりコイルで生じる磁極も位相が遅れる．そこで，くまとりコイルの磁極と，くまとりコイルなしの磁極とを組み合わせると，回転磁界が発生してロータが回転する．くまとりコイル側の位相遅れは完全に 90°ではないため，完全な回転磁界とはならず，制御性はあまりよくない．しかし構造が簡単で安価なため，扇風機などの単純な用途に用いられている．

1.2.2 誘導モータ

誘導モータ (induction motor) も，これまで紹介した交流モータと同様に回転磁界により駆動されるが，その原理は多少複雑である．図 1.13 に示すように，回転磁界中に置かれたループコイルをロータとするモデルで考えてみよう．回転磁界 B が高さ l のループコイルを相対速度 v で横切ると，フレミングの右

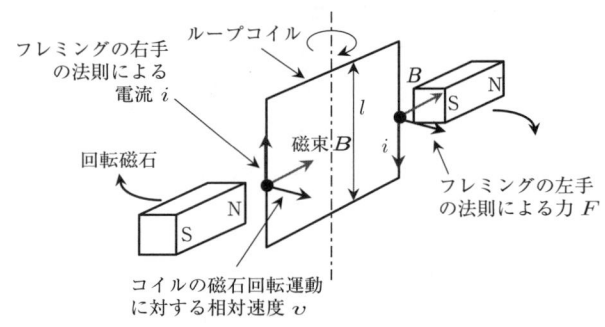

図 1.13 誘導モータの駆動原理

手の法則によりコイルに誘導起電力 $V = vBl$ が生じる．ループコイルの抵抗を r とすれば，電流 $i = V/r$ がコイルに流れることになる．次に，この電流 i はフレミングの左手の法則により磁界中で力を生じ，直流モータの式 (1.1) と同様に駆動力 $F = iBl$ が発生するため，コイル両側で偶力となってロータを回転させる．このとき，回転磁界とコイルには，相対速度 v が生じないと誘導起電力が発生しないので，コイル (ロータ) は回転磁界より多少遅い速度で回転し，常にトルクを生じるように作用する．磁界回転数 n_m とロータの回転数 n_r の差を**すべり** (slip) といい，次式 s で表される．

$$s = \frac{n_m - n_r}{n_m} \tag{1.6}$$

すなわち誘導モータの回転原理は，

・回転磁界中でのコイルのすべりによる発電とコイル電流による磁界発生
・コイル磁界と回転磁界の磁気カプリング作用によるトルク発生

の2段構えになっていることがわかる．

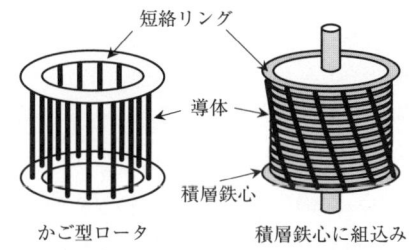

図 1.14　かご型ロータの構造

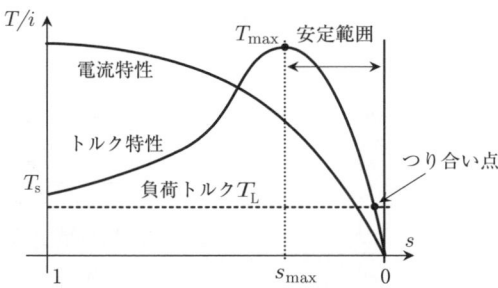

図 1.15　誘導モータの特性

誘導モータの実際は，図 1.14 のように，**導体** (bar) を**短絡リング** (end ring) でかご型にし，さらに誘導起電力を大きくするための鉄心に埋め込んだ構造が用いられている．また，導体はトルクの平準化のため，多少斜めに埋め込まれている．このような構造のモータをかご型誘導モータといい，構造が簡単で安価，高効率なモータとして，家庭用，産業用として広く用いられている．

誘導モータの特性を図 1.15 に示す．発生トルク T，電機子電流 i は，すべり s の関数となり，最大トルク T_{max} のとき，すべり s_{max} となる．始動時には T_s が発生してしだいに加速し，負荷トルク T_L とつり合ったところで，安定回転となる．このときすべりは $s_{max} > s > 0$ の範囲にある．回転数に関しては，同期モータと同様に電源周波数に依存し，直流モータのように電機子電流などで回転数やトルクを自由に制御することは難しい．

1.2.3 交流モータの速度制御

交流モータは回転磁界により駆動されるため，電源周波数に依存した回転数しか得られないのが最大の弱点である．しかしパワーエレクトロニクスの発達により，図 1.16 のように交流を一度直流に変換し，この後，任意の周波数の交流を発生することが可能な**インバータ** (inverter) が用いられるようになり，任意の速度やパワーを容易に得ることができるようになった．

また，電圧を連続的に変化させる代わりに，図 1.17 のように一定周期のパルス状にし，オンしている時間幅を制御する**パルス幅変調** (PWM：pulse width modulration) もよく用いられている．これは供給電圧を V_s，パルス周期を T，電圧を加えている時間を T_{on} としたとき，出力電圧 V_a が幾何平均

$$V_a = \frac{T_{on}}{T} \times V_s = D \times V_s \tag{1.7}$$

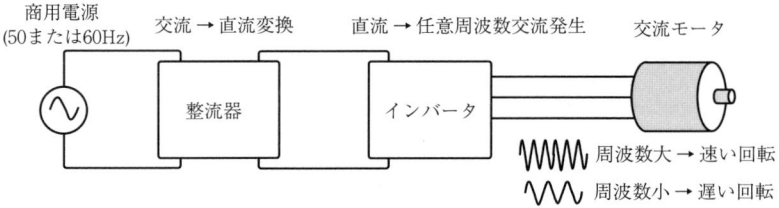

図 1.16 インバータの原理

1.3 その他の電磁アクチュエータ

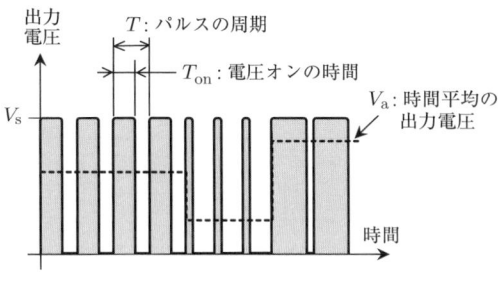

図 1.17 PWM の原理

で与えられることにより，時間平均として電圧を制御する手法である．なお $D(=T_{on}/T)$ は**デューティー比** (duty ratio) とよばれ，PWM 制御での重要な指標である．

また，最近では PWM と組み合わせて，入力パルスの振幅，すなわち V_s の絶対値を制御する**パルス振幅変調** (PAM : pulse amplitude modulation) も用いられている．これは，回転開始時など高負荷時には PAM 制御によりモータに高電圧を供給して大出力を得るとともに，定常状態では PWM 制御により，きめ細かい省エネ運転を行うことを目的としている．

このような制御技術の進歩とともに，交流モータのブラシレス・メンテナンスフリーという特長が注目され，エアコンのコンプレッサーから電車の制御まで幅広く用いられるようになっている．

1.3 その他の電磁アクチュエータ

1.3.1 ステップモータ

ステップモータ (stepper motor, stepping motor, pulse motor) は，連続的に回転するモータと異なり，コントローラに指令パルスを与えるごとに一定の角度だけ回転するモータである．

図 1.18 に，**4 相永久磁石型** (four-phase permanent magnet type) ステップモータの原理を示す．永久磁石でできたロータのまわりにコイルを配置した様子は同期電動機と同様であるが，ステップモータでは各コイルを外部スイッチのオン・オフにより個別に駆動する．スイッチを $1 \to 2 \to 3 \to 4$ の順にオン・

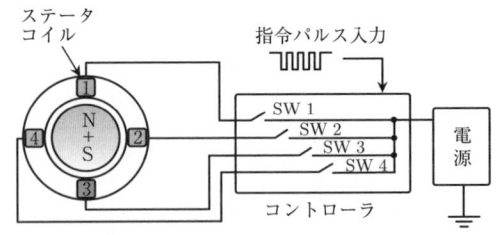

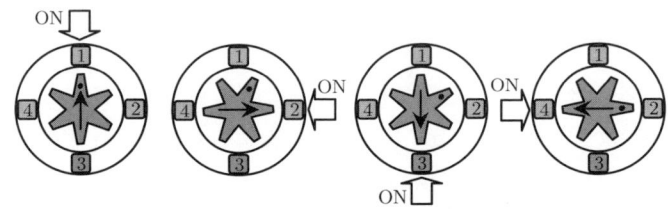

図 1.18 ステップモータの原理

図 1.19 リラクタンス型ステップモータの回転

オフすればロータが時計まわりに,逆の順番でオン・オフすれば反時計まわりに回転する.また,オン・オフの周期を短くすれば高速回転となり,長くすれば低速回転となる.通常これらのオン・オフは専用のコントローラにより制御され,コントローラへの入力 1 パルスが 1 ステップの駆動に相当するように設定されている.このためステップモータ,またはパルスモータの名称でよばれる.永久磁石型では,停止した場所での磁気的な保持力によりロータがロックされる利点がある.

図 1.19 のように,磁石のロータに代わって歯車型の高透磁率材料を用いたものは**リラクタンス型** (variable reluctance type) とよばれ,界磁の配置角度とロータの歯数が異なるため,一番近い界磁とロータが引き合うよう磁気回路が構成される.このため 1 ステップあたりの回転角を小さくすることが可能で,図の例では 30°おきの回転が得られる.このモータでロータをロックするためには,停止時でもコイルに通電する必要がある.

ステップモータにはコイルの相数により 2, 3, 4, 5 相があるが,相が多いほど滑らかな回転が得られる.センサを用いなくても指令パルス数と回転角が比例するため,位置決め用モータとして使用されている.

1.3 その他の電磁アクチュエータ

1.3.2 ブラシレスモータ

ステップモータの相の切替えを高速に行い，連続的な回転磁界を作ると，直流電源を用いた場合でも同期モータのようにロータを高速回転することが可能である．**ブラシレスモータ** (brushless motor) は，この作用を電子的に行うもので，図 1.20 のようにロータの位置を検出するセンサと，スイッチング素子を組み合わせた小型の回路が付属する．通常，界磁は 3 相のコイルから構成され，ロータの回転角検出にはホールセンサ (p.29 参照) や，コイル自身の逆起電力を検出する方法が用いられる．直流モータの整流子を電子的に置き換えたものと考えることができ，高速回転での長寿命化を図ることができる．

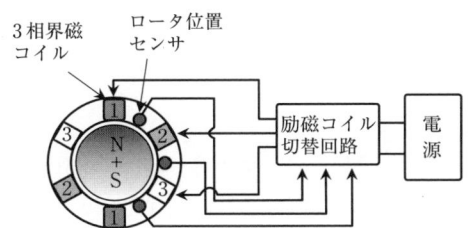

図 1.20 ブラシレスモータの構造

1.3.3 ダイレクトドライブモータ

低速で強力なトルクが必要な場合，一般的にはギアヘッドを用いて減速するが，物理的なスペースを必要としたり，機械的な損失を生じる．また，通常のモータやステップモータを低速で運転すると，磁極を通過するときのギクシャクした動き (cogging；**コギング**) により振動を生じたりする．そこで，図 1.21 のように多数の磁極をもったブラシレスモータにより，大きなトルクを低速で発生させる．これを**ダイレクトドライブモータ** (direct drive motor) といい，静音駆動，高精度回転などの特長を有する．VTR のキャプスタンの駆動や洗濯機などに用いられている．また，エンコーダを内部に組み込み，低速で大トルク発生が可能な高精度位置決め用ダイレクトドライブモータもあり (商品名メガトルク)，工作機械などに使用される．

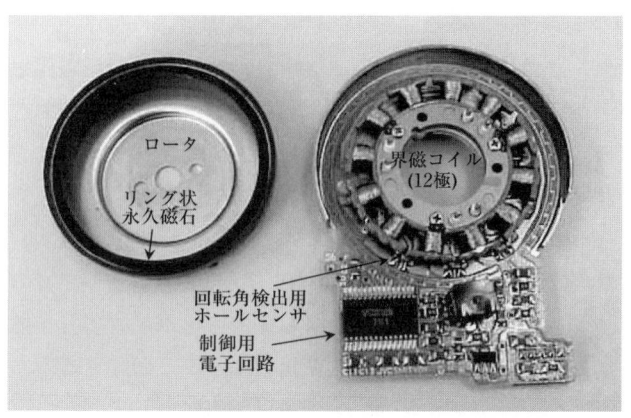

図 1.21 VTR 用ダイレクトドライブモータの構造

1.3.4 リニアモータ

1次元の直線運動を行うのが**リニアモータ** (linear motor) であり，回転型モータを切り開いて水平に伸ばした形をしている．図 1.22 は，同期型リニアモータの原理である．ステータ側のコイルにより移動磁界を発生させると，コイル上の導体でできたスライダー (回転型のロータに相当) に誘導電流が流れる．この電流により磁界が形成され，ステータコイルと吸引，反発を繰り返して，スライダーが直線運動を行う．ステータにコイル，スライダーに導体を用いる場合 (図 1.22(a)) と，ステータに導体板 (リアクションプレート)，スライダーにコイルを用いる場合 (同図 (b)) がある．ボールねじなどの機械要素を使わずに高精度の直線運動が実現できるため，位置決め装置に用いられる．また，薄型形状であることを生かして，工場内の搬送機構，省スペース型地下鉄の推進機構にも応用されている．

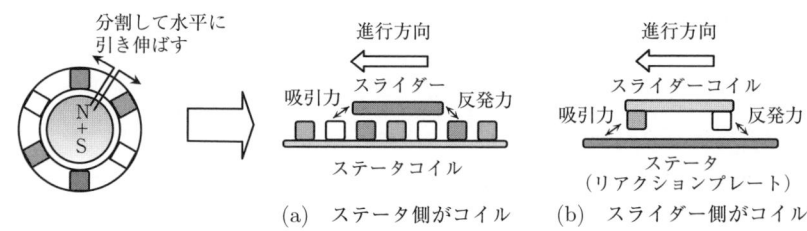

図 1.22 リニアモータの原理

1.3 その他の電磁アクチュエータ

1.3.5 ソレノイド

ソレノイド (solenoid) は，電磁石を用いた単純動作を行うアクチュエータの総称である．図 1.23 に示すように，電磁石部分とこれに吸引される鉄心 (plunger；プランジャ) から構成され，直線動作を行うリニア型，揺動運動を行うロータリー型などがある．通常，予圧用のスプリングなどとともに構成され，通電の有無により，単純なオン・オフ動作を行う．構造が単純で安価であるため，部品の単純送りを行うアクチュエータやロック機構などに多数用いられる．

図 1.23 ソレノイドの例

1.3.6 電磁ブレーキ / クラッチ

車のブレーキには油圧やワイヤーを駆動源とした機械的ブレーキ，クラッチが用いられるが，メカトロニクス機器では制御が簡単な**電磁ブレーキ / クラッチ**が使われる．図 1.24 に例を示すが，基本的には回転円板どうしを電磁石により押し付けてブレーキやクラッチ動作を行わせるもので，吸収動力，伝達動力により各種の大きさのものが用いられる．摩擦円板を用いる場合が多く，発熱や磨耗の管理が重要である．

図 1.24 電磁ブレーキ/クラッチの例 (小倉クラッチ HP より)

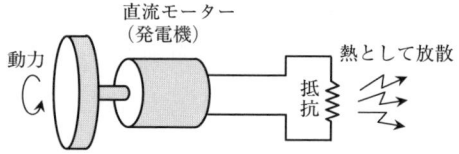

図 1.25 モータによる発電ブレーキ作用

　一方，モータは発電機としての作用ももっているので，駆動電源に代わって端子に抵抗負荷をかけると，回転エネルギーが電力に変換される．この電力は抵抗器から熱となって空中に放散され，運動エネルギーが消費されるので，ブレーキとして作用する (図 1.25)．これを**発電ブレーキ** (dynamic brake) といい，容量が小さい場合は抵抗を用いずモータ端子を短絡して，急激なブレーキ作用を得ることが可能である．さらに，動力を電力に変換した後，電源に送り返して他の負荷で利用したり，蓄電池に保存する方法を**回生ブレーキ** (regenerative brake) という．これらは電車やエレベータなどの大容量のブレーキとして大変有用で，省エネルギー技術の 1 つとして常用されている．また，機械的な接触による磨耗がないため，機器のメンテナンスフリー化にも貢献している．

1.4　圧電素子

　水晶のような強誘電体の結晶に圧力を加えてひずみを与えると，特定の方向に電圧を生じる．また反対に結晶に電圧を加えると，全体が伸縮する．これを**圧電効果** (piezoelectric effect) といい，機械的エネルギーと電気的エネルギーとの相互変換現象とみなすことができる．

　圧電効果をアクチュエータの駆動原理として用いるためには，電圧に対するひずみ量の大きな材料が必要となる．この条件を満たす材料として，チタン酸鉛 ($PbTiO_3$) とジルコン酸鉛 ($PbZrO_3$) の混合セラミクス，通称 PZT がよく用いられる．PZT では図 1.26 に示すような，**ペロブスカイト** (perovskite) とよばれる結晶構造をとる．この構造では，中心にある原子の直径が格子間隔より小さいため，原子は中心で安定することができず，格子内で偏った状態となる．これより電荷の分布に偏りを生じ，正負の等量電荷が微小間隔をおいて存在する**電気双極子モーメント** (electric dipole moment) を生じる．焼結により製作

1.4 圧電素子

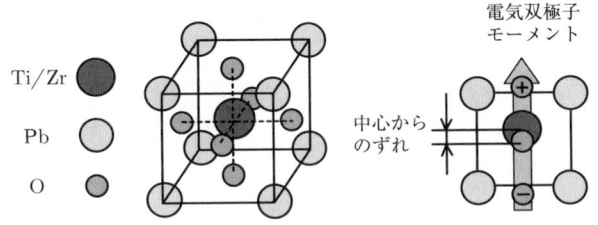

図 1.26 ペロブスカイト化合物の構造と電気双極子モーメント

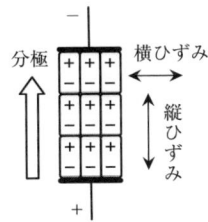

図 1.27 分極とひずみの方向

した素子内部では，結晶粒ごとに電気双極子モーメントがランダムな向きで存在するため，全体として中性である．これに温度を加えながら外部電圧をかけると，図 1.27 のように結晶全体の電気双極子モーメントの向きをそろえることができ，これを**分極** (polarization) という．分極処理後の素子に電圧を加えると，同一方向に大きなひずみが発生する．ひずみには，電圧印加方向に対して方向性があり，電圧印加方向と同一の縦ひずみ，直交方向の横ひずみがあり，アクチュエータの用途に応じて使い分けられている．

圧電現象により発生される力は大きく，$10^6 \mathrm{N/m^2}$ オーダが得られるとともに，応答速度も極めて速く，数十 $\mu \mathrm{s}$ である．ただし，圧電現象には温度依存性があり，ある温度以上になると圧電現象を示さなくなる．これを**キュリー点** (Curie point) といい，PZT では 300°C 程度で，高温になる使用環境では注意が必要である．

1.4.1 ピエゾアクチュエータ

圧電素子単体での伸縮量は非常に小さいため，図 1.28 のように素子を何枚も積層して電極を取り付け，アクチュエータ全体としての変位量を増加させる手

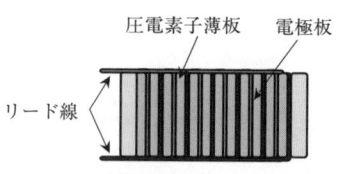 

図 1.28 積層型ピエゾアクチュエータの構造と実例

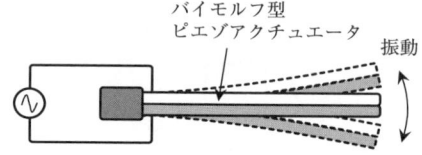

図 1.29 バイモルフ型ピエゾアクチュエータの構造

法がとられる．これを**積層型ピエゾアクチュエータ** (laminated piezo actuator) とよび，数百〜千数百 V の直流電圧をかけることにより，サブ nm から数百 μm 程度の変位が得られる．電圧に対する位置決め分解能が優れるため，テーブルの位置決めの際，微動用アクチュエータとして使用される場合が多い．

　一方，図 1.29 のように分極の向きを反転させた 2 枚の圧電素子を張り合わせ電圧をかけると，伸縮の向きが逆になるため，屈曲運動を行うことができる．これを**バイモルフ** (bimorph) **型ピエゾアクチュエータ**といい，先端部での変位量は大きいが力は小さいため，振動アクチュエータとして用いられることが多い．

1.4.2　超音波モータ

　超音波モータ (ultrasonic motor) は，振動により駆動されるモータで，電磁的なモータと駆動原理がかなり異なっている．このモータでは，図 1.30 にみられる薄型円盤状のロータがステータ上に軽く圧接された構造で，ステータ裏には圧電素子が取り付けられている．この素子は 2 つの定在波が生じるように，空間的に分割された圧電素子から構成されており，それぞれを 90°位相のずれた高周波交流電源で励振する．ここで生じた各々の定在波は，ステータ上で重なり合わされ，進行波となってロータ上を回転する．このときステータ上の 1

点に注目すると，図 1.31 のような楕円運動を行っている．ロータとの接点では楕円運動の速度成分は進行波と反対向きであるため，ロータも進行波とは逆向きに回転し，ステータとの摩擦により大きなトルクを発生する．

磁気を使用せず，低速度で高トルク，ロータの慣性が小さいため高速応答，停止時に摩擦によるロック作用があるなどの特長を有する．コイルがなく小型化が容易であるため，腕時計やマイクロマシンの駆動源として用いられるほか，リング状のものがカメラレンズのオートフォーカス駆動機構に使われている．また，カードなどの薄物の搬送用アクチュエータとして，リニアタイプも開発されている．

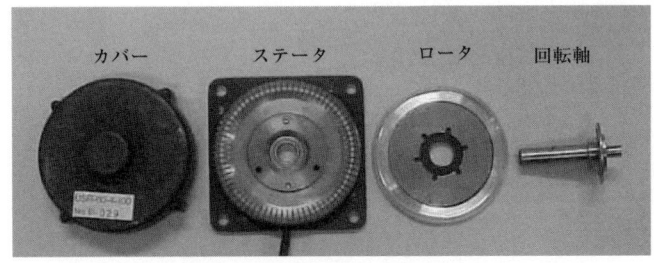

図 1.30 超音波モータの構造

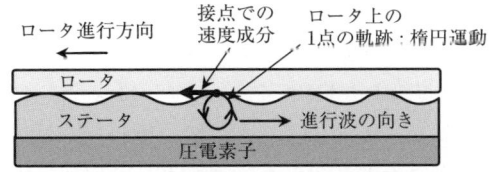

図 1.31 超音波モータの駆動原理

1.5 流体アクチュエータ

作動流体として空気や油を用いるものが**流体アクチュエータ**で，動作原理は双方とも共通である．空圧 (pneumatic, air) アクチュエータは，高圧ガス保安法の制限により 1 MPa 以下の圧力で用いられることが通常であるのに対し，油圧 (hydraulic) アクチュエータは，7〜21 MPa 程度の高圧で用いられることが

多い．したがって，同じシリンダ径のアクチュエータでは，油圧アクチュエータのほうが格段に大きな出力を得ることができる．空圧アクチュエータは，作動流体が周辺に遍在し，油を用いないため食品工業や真空機器など，清浄な環境を必要とする機器に用いられることが多いが，空気の圧縮性などにより，正確な位置決めが難しい弱点がある．液体を用いるアクチュエータでは，過負荷や加熱により流体内部が蒸気圧以下になると，流体内の空気や液体自身が気化して気泡を生じる．これを**キャビテーション** (cavitation) といい，気泡がつぶれる際の振動や衝撃によりアクチュエータを破損しないよう，大出力・高速運転では注意が必要である．また，原理的には水も作動流体となりえるが，機器類のさびの発生原因となるため，特殊な用途を除いてあまり使用されない．

1.5.1 油空圧シリンダ

図 1.32 はピストンとシリンダから構成された，最も基本的なアクチュエータである．ピストンの両側に流体の入排出口 (**ポート**) があり，外付けの弁により流体の出入を制御する．推力はピストン有効面積と圧力の積に比例し，ストロークはシリンダ長さに依存する．

一般に，一方のシリンダ内部に流体を注入するときは，他方のシリンダ内の流体を抜きながら行う．また，停止時には両方の流体を封止して大きな保持力を得る．このような動作を行うために，ソレノイドを用いた電磁弁，または手動操作弁とともに，流体回路を構成する．電磁弁などの流体要素は，JIS により記号が定められており (JIS–B0125 など)，図 1.33 に示す 4 ポート電磁弁による例では，通電時にソレノイドにより弁が切り替わってシリンダが右に動き，電源を切るとばねにより弁が元に戻りシリンダは左に復帰する．動作速度は，

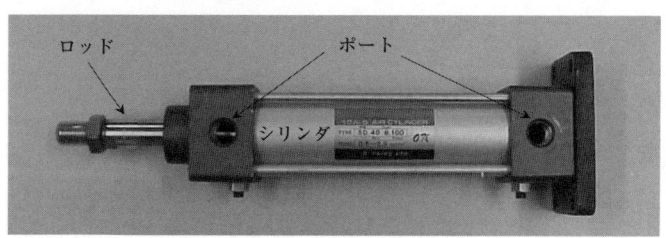

図 1.32 空圧シリンダの外観

1.5 流体アクチュエータ

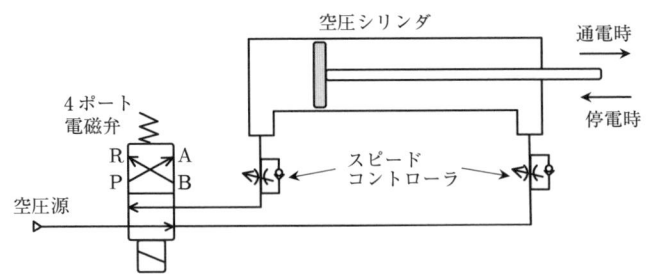

図 1.33 空圧シリンダ往復動作のための流体回路例

出口側のポートに**スピードコントローラ**とよばれる一方向流量制御弁を用い，弁の開口比を調節して流体排出速度を制御することにより行う．油空圧シリンダは，使用用途に合わせた形状や位置センサを備えたものなど，さまざまなものが製作されている．直線動作を行うものを基本とするが，ラック・ピニオンや羽根車・ストッパーを用いた揺動型のアクチュエータも存在する．

1.5.2 流体モータ

油圧や空圧を駆動源とした**流体モータ**は，電磁モータに比べて小型，軽量である特長を有する．また，電流のオン・オフに伴うスパークが飛ばないので，防爆型のアクチュエータとしても用いられる．

油空圧モータを駆動原理からみると，図 1.34 のように 3 種類に分けられる．**歯車型**は，組み合わせた歯車の間を加圧された流体が通るとき，歯面にかかる圧力によりトルクを発生する．**ベーン型**では，ロータに溝状の加工を施しベーン (vane ; 板羽根) を差し込み，スプリングなどの圧力によりケース内側に接触させる．このとき，ベーンにかかる圧力によりロータが回転し，トルクを生じる．空圧駆動の小型のものは，インパクトレンチなどの工具に使用されている．

プランジャ型では，棒状のピストン (plunger ; プランジャ) とシリンダを回転軸まわりに配置し，複数のプランジャの伸縮を同期して行うことによりトルクを発生する．図のようにプランジャを傾斜して配置する斜軸型と，放射状に配置するラジアル型がある．油圧では低速で大トルクが得られるので，建設機械の駆動や舶用機械 (クレーン，キャプスタンなど) に用いられる．

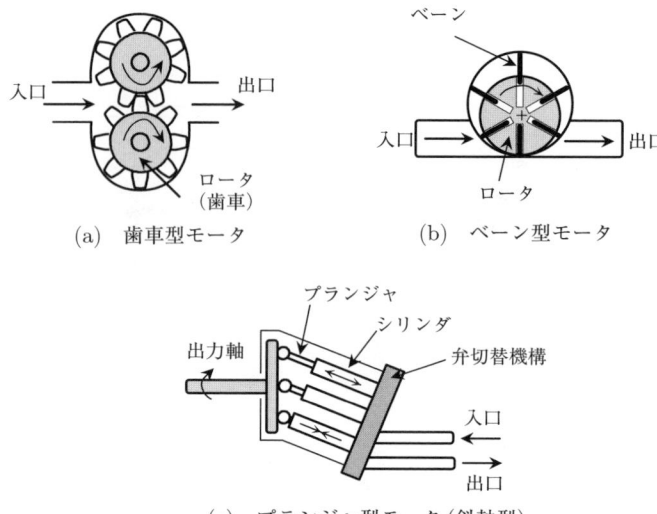

図 1.34 油空圧モータの駆動原理

なお，流体モータの原理は可逆的であり，出力軸を外部動力で駆動すると流体ポンプとして作用する．

演習問題 1

1.1 直流モータと交流モータを比較し，各々の得失について述べよ．

1.2 モータを位置決め装置やロボットハンドに用いる場合，どのような特性が要求されるか示せ．

1.3 圧電素子を高速で駆動する場合，注意すべき事柄をあげよ．

2 センサ

　メカトロニクス機器に所定の動作を行わせるためには，各種の**センサ**を用いて，位置，速度，温度などの情報を取得し，アクチュエータにフィードバックする必要がある．センサ (sensor) の語源は感覚 (sense) であり，人間の感覚器に相当する重要な部品である．メカトロニクス機器におけるセンサは，位置，速度，力などを取得して機械の運動を制御するためのものと，温度などの環境情報を取得して機器運転の安全に役立てるものの二通りが主な使用目的となる．最近用いられるセンサのほとんどは，情報を電気信号に変換して伝達するものであり，パソコンなどを用いた信号処理系の入力として用いられることが多い．本章では，メカトロニクス機器に用いられることの多いセンサについて概観する．

2.1 位置センサ

　位置センサは，機器の位置を検出して運転の開始，終了点を定めたり，異常動作の検出を行う．単純な機械的スイッチから，サブ nm オーダの分解能をもつリニアエンコーダなど，さまざまな原理に基づいたセンサが存在する．また，位置情報を時間微分することにより，速度や加速度を求める目的にも使用される．

2.1.1 マイクロスイッチ

　マイクロスイッチは，最も単純な機械的センサであり，スイッチのピン (pin plunger) に物体が触れることにより接点が開閉し，電気回路のオン・オフを行う．図 2.1(a) のように通常 3 つの接点で構成され，NO (normally open；常時

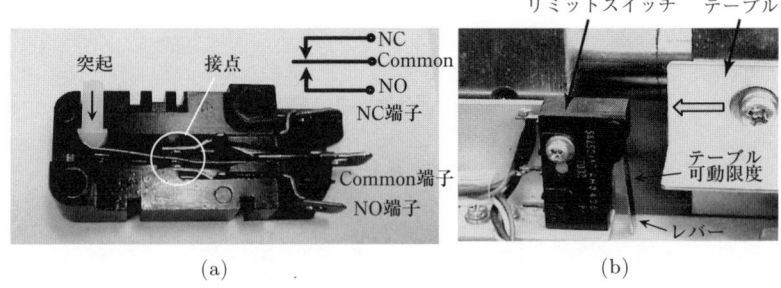

図 2.1 マイクロスイッチの構造と接点構成 (a) とリミットスイッチとしての応用 (b)

開)，NC (normally close；常時閉)，C (common；共通) となっている．通常，C 接点は板ばねで構成されており，ピンが上方に押し出され NC 接点と接しているが，ピンが押されると，NO 接点側に切り替わる．ピン部分はそのまま用いる場合もあるが，レバーやローラーなどを用いて間接的にピンを押す機構が用いられることもある．

図 2.1(b) のように，XY テーブルなどが機械的な限度まで送られたとき，モータを停止するために用いる場合は，**リミットスイッチ** (limit switch) と称される．単純な構造で動作が確実，安価であるが，板ばねが疲労破壊する場合があるので，定期的なチェックが必要である．

2.1.2 フォトインタラプタ

フォトインタラプタ (photo interrupter) は，図 2.2(a) のように発光ダイオード (p.81) などの発光素子と，フォトダイオード，フォトトランジスタ (p.82) な

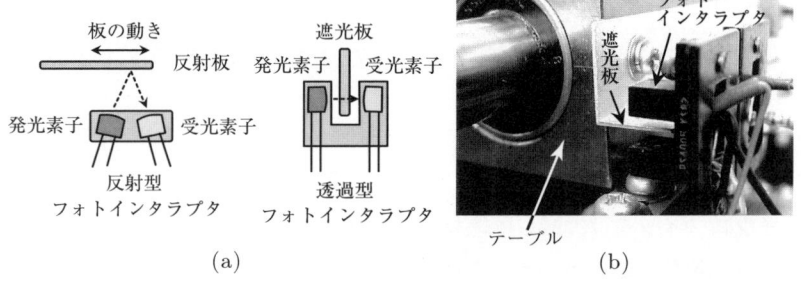

図 2.2 フォトインタラプタの原理 (a) とテーブル原点検出センサへの応用例 (b)

どの受光素子を組み合わせ，光の透過または反射を検出するセンサである．実際には，同図 (b) のようにスリットや遮光板などと組み合わせて，部品の運動の検出に用いられる．XY テーブルなどでは，運動の原点を遮光板とフォトインタラプタで初期化し，動作範囲をリミットスイッチにより規制する方法が一般的である．単独で位置検出に用いられることもあるが，複数個を並べてロータリーエンコーダの読み取り部に応用されることも多い．

2.1.3 超音波センサ

光の代わりに超音波を用いても，フォトインタラプタと同様のセンサを構成することが可能である．一般に，**超音波センサ**は光センサと比較して，

- 作動距離が長い (20 m 程度まで)
- 表面の色などの影響を受けにくい
- 測距能力がある

などの長所があるが，

- 風の影響を受ける
- 応答速度が音速で制限される

などの短所もある．典型的な超音波センサの構造を，図 2.3(a) に示す．スピーカーと同様にコーン型共振子を用いる構造で，アクチュエータにピエゾ素子を用いて，高周波の励振が可能なようになっている．この素子は圧電性を利用しているため可逆的な使用が可能で，送波，受波を同じ素子で行うことができる．

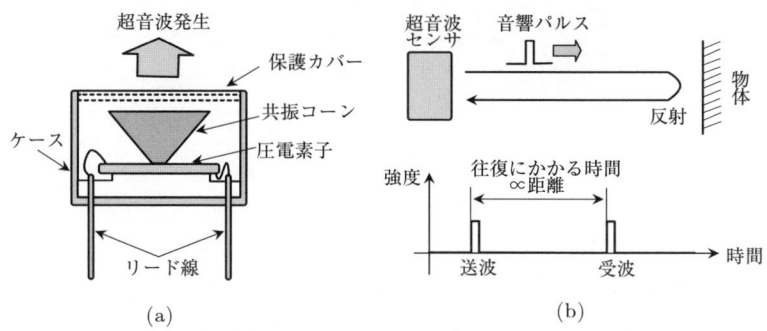

図 2.3 超音波センサの構造 (a) と測距への応用 (b)

フォトインタラプタのように2つの素子を用いて物体の検出を行うほかに，図2.3(b)のように，物体からの反射波のタイミングを計測することにより，距離センサとして用いることができる．LEDを用いたセンサよりも分解能がよいため，ロボットや自走台車の障害物検知などに用いられる．

2.1.4 磁気センサ

磁気を用いて位置情報を得るためには，コイル，リードスイッチ，ホール素子などのセンサがあり，フォトインタラプタと同様に非接触で寿命が長い特長を有する．

（1）歯車センサ

コイルは回路要素として使われるほかに，軸上を磁性体が通過すると電磁誘導現象により起電力を生じるため，磁気センサとして用いることができる．図2.4は，歯車とコイルを向かい合わせ回転の状況をモニタするセンサで，**歯車センサ**とよばれている．歯がコイル軸上を通過するたびに起電力を生じるので，パルス状の波形が得られる．車輪のスリップ検出や，ロータリーエンコーダとして用いられる．また，ブラシレスモータのロータ回転角検出には歯車センサの原理を用いたものもあり，コイルがアクチュエータとセンサの2つの働きを担っている例である．

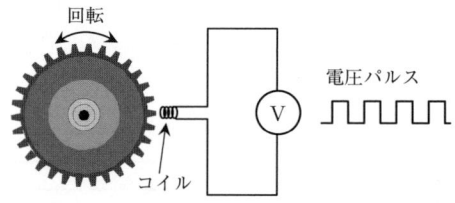

図 2.4 コイルと歯車による歯車センサ

（2）リードスイッチ

リードスイッチ (reed switch) は，図2.5のように，ガラス管の中に強磁性体製の2本の金属片 (reed) を不活性ガスとともに封入したものである．接点は通常離れているが，外部磁界が加わるとリード自身が磁化されて磁石となり，

2.1 位置センサ

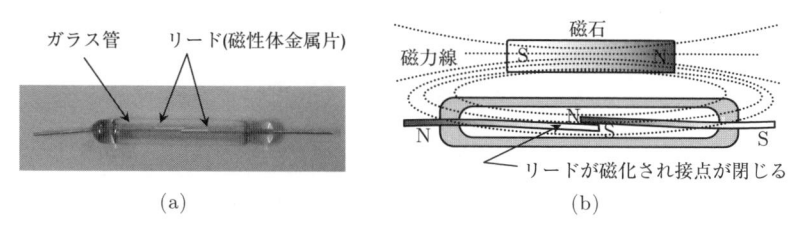

ガラス管　リード(磁性体金属片)

磁石
磁力線
リードが磁化され接点が閉じる

(a)　　　　　　　　　(b)

図 2.5　リードスイッチの外観 (a) と動作原理 (b)

接点が磁力で閉じてスイッチの働きをする．近接スイッチとして用いられるほか，永久磁石と浮きを組み合わせて液面センサなどとして応用されている．

(3) ホールセンサ

図 2.6 のように磁界中に置かれた半導体に電流を流すと，ローレンツ力により電荷が上下方向の力を受けて移動し，正電荷は上方に負電荷は下方にたまるため，垂直方向に電圧を発生する．これを**ホール効果** (Hall effect) といい，磁気検出を目的としたものを**ホールセンサ**と称する．半導体としては，インジウム・アンチモン，ガリウム・ヒ素，シリコンなどが用いられている．コイルに比べて体積が小さく作れるので，ブラシレスモータのロータ位置センサに用いられるほか，高感度のものは磁場測定器のセンサヘッドとしても使用される．

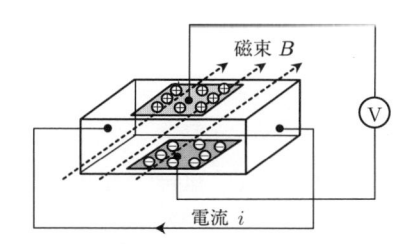

磁束 B
電流 i

図 2.6　ホールセンサの原理

2.1.5　ロータリーエンコーダ

モータの回転角度を知るためには，回転軸上に**ロータリーエンコーダ** (rotary encoder) を設置するのが一般的である．これは図 2.7 のように，角度を表す目盛板とその読み取り部から構成されている．**光学式**では，目盛板が透明/不透

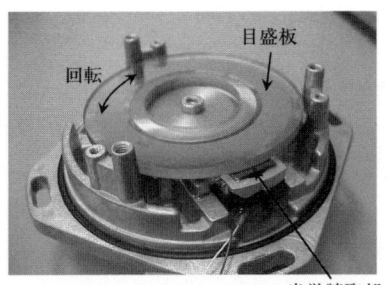

図 2.7 光学式ロータリーエンコーダの構成

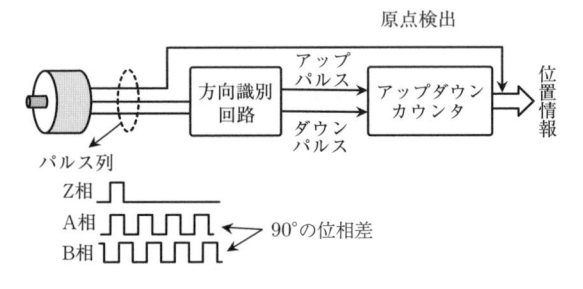

図 2.8 インクリメンタル型エンコーダの信号処理

明の領域から構成され,フォトインタラプタなどにより目盛が読み取られ,対応する電気パルスを発生する.**磁気式**では,前出の歯車センサなどの原理に基づき,同様にパルスを発生する.これらのパルスを波形成型回路や方向識別回路 (p.168) を通して整形したのち,カウンタで計数することにより角度情報を得ることができる.

図 2.8 に示す**インクリメンタル (incrimental) 型エンコーダ**では,A, B, Z 相の 3 相から構成され,回転開始時からの相対的な回転量を計測する.A, B 相は回転の読み取り分解能に対応するとともに,回転方向識別に用いられ,Z 相は 1 回転に 1 パルスのみ信号を発生して,回転の初期位置を規定する.

一方,**アブソリュート (absolute) 型エンコーダ**は,図 2.9 のように,回転角に応じた固有のコードが目盛板に刻まれているため,常に絶対的な回転位置が把握可能である.コードには 2 進数をベースとした Gray コード (p.101) が用いられ,高分解能であるほど桁数の多い出力となる.

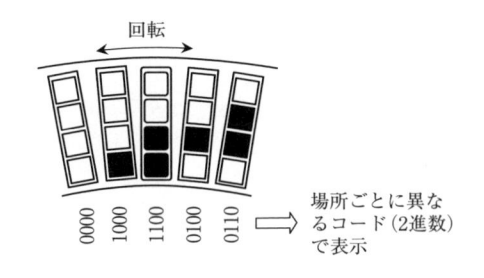

図 2.9 アブソリュート型エンコーダの目盛構成

(1) エンコーダ信号からの速度，加速度の推定

ロータリーエンコーダで得られるパルスレート n (pps : pulse per second) は，回転速度 ω (rad/s) を反映したものである．エンコーダ1周あたりのパルス数を N とすれば，ω の微分により角加速度 α_ω (rad/s^2) が，積分すれば回転角度 θ (rad) が得られる．

$$\begin{cases} \omega = 2\pi \dfrac{n}{N} \\ \alpha_\omega = \dfrac{d\omega}{dt} = \dfrac{2\pi}{N}\dfrac{dn}{dt} \\ \theta = \int \omega\, dt = \dfrac{2\pi}{N}\int n\, dt \end{cases} \qquad (2.1)$$

これらはエンコーダで，モータを制御する場合の重要な関係式である．

従来，回転速度を得るためには直流発電機の一種である**タコジェネレータ** (tachogenerator) がエンコーダとともに用いられてきたが，モータが軸方向に長くなるとともに慣性を大きくする原因にもなっていた．現在ではエンコーダの信号をパソコンや専用ハードウェアで処理して速度情報が間接的に得られるようになったため，タコジェネレータを使うことは稀である．

2.1.6 リニアエンコーダ

テーブルなどを駆動する場合，モータに取り付けたロータリーエンコーダの情報をもとに制御を行えば，メカニズムが簡単になる反面，減速機や駆動要素のガタにより，テーブルの実際の位置とエンコーダ情報にずれを生じる．そこで精密な位置決めが必要な送り機構などでは，テーブルそのものに位置センサを取り付け，位置情報を直接取得する．このために用いられるのが，図 2.10 の

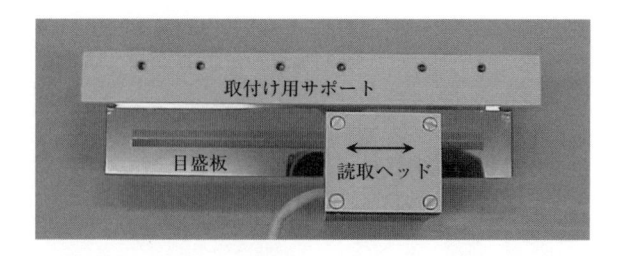

図 2.10 光学式リニアスケールの例

ようなリニアエンコーダで，リニアスケールとも称される．原理的にはロータリーエンコーダとまったく同一であり，目盛板が直線状であることだけが相違点である．光学式，磁気式が存在するのもロータリーエンコーダと同様である．

リニアエンコーダを設置するにあたっては，被測定物体の運動軸線とエンコーダの軸線が極力一致するように努めなければならない．これをアッベの原理 (Abbe's principle) といい，精密測定を行う場合，誤差を最小にするための重要な条件である．

2.2 力・圧力・加速度センサ

力センサは，応力や重量の測定をはじめとして，微小な接触力や圧力などの測定にも用いられる．原理的には部材にかかるひずみを検出し，これを力に比例する電気信号に変換するものが多い．微小質量を扱う計量器から，ロケットエンジンの推力を測定する大荷重測定まで，幅広く用いられる．一方，圧力センサは圧力を直接測る用途のほか，液体，気体の有無を検出して機器の正常運転を保障する重要な要素となっている．エアコン，給湯器，血圧計をはじめとし，車の油圧，燃料噴射圧制御など，幅広く用いられている．また加速度センサは，加速度そのものよりも振動や衝撃の検出に用いられることが多く，車の衝突検知センサとしても多用されている．これらのセンサでは，「部材に力が加わったときのひずみ，または変位を検出する」という原理を共通としているので，本節でまとめて紹介する．

2.2 力・圧力・加速度センサ

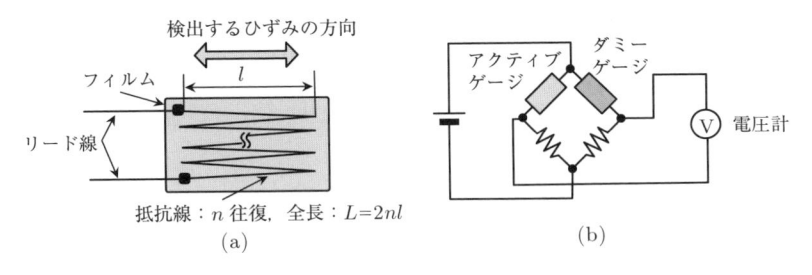

図 2.11 抵抗線ひずみゲージの構造 (a) とブリッジ型測定回路 (b)

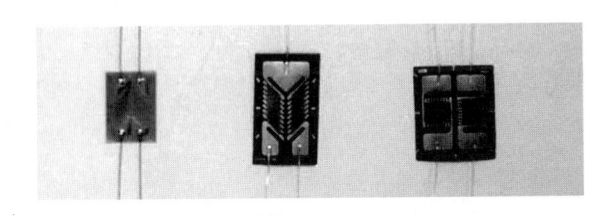

図 2.12 抵抗線ひずみゲージの例

2.2.1 抵抗線ひずみゲージ

ひずみの検出要素として最も広く用いられているのが，**抵抗線ひずみゲージ** (wire resistance strain gauge) である．これは図 2.11(a) に示すような抵抗線がひずみを受けて長さが変化すると，電気抵抗がひずみに比例して変化することを利用している．抵抗線長さ $L(=2nl)$ が力を受けたときのひずみを δL とし，抵抗線の抵抗値 R が δR だけ変化したとすると，このときの関係は，

$$\frac{\delta R}{R} = S \times \frac{\delta L}{L} \tag{2.2}$$

で表される．ここで，S は**ひずみ感度係数**といい材料に依存する．最もよく用いられる金属材料のアドバンス[1]では $S = 2.1$ である．ひずみを測定するためには同図 (b) のようなブリッジ回路が用いられ，アクティブゲージによりひずみを測るとともに，温度補償用のダミーゲージとともに用いる．

抵抗線ひずみゲージは，小さい面積で感度よくひずみが測れるように，図 2.12 のような抵抗線の折り返し構造を用いている．抵抗線は，アドバンスなどの金属をフィルムに蒸着することにより製作されており，各方向のひずみが同時に測定可能なように，フィルム上に多方向のゲージを配置したものが普通で

---

1) 銅 55%，ニッケル 46%の合金．

ある．このようなゲージをひずみの生じる場所に接着剤で貼りつけ，ブリッジ回路などを用いて抵抗線変化を測定し，力との校正曲線を求めることにより，力センサとして使用する．大きな力を測定する場合は太い金属円柱 (起歪柱) の側面にひずみゲージを貼り付け，柱の伸縮により荷重を求める．このようなセンサは，ロードセル (load cell) とよばれる．

2.2.2 圧電センサ

圧電効果を用いて，圧電素子にひずみが加わったときの起電力を測定することにより力を測定するのが，圧電センサである．図 2.13 は，圧電素子を用いた小型のロードセルの例である．

半導体であるシリコン基板に不純物を拡散すると，その部分が抵抗として作用するとともに，ひずみに対して感受性をもつようになる．これをピエゾ抵抗効果 (piezoresistance effect) という．図 2.14 は，シリコンウェハ上にピエゾ抵抗を形成した半導体ひずみゲージの例である．これらは信号処理回路と組み合わせることにより，圧力のみならず，加速度や衝撃の測定などに応用される．

図 2.13 圧電素子による小型ロードセルの例

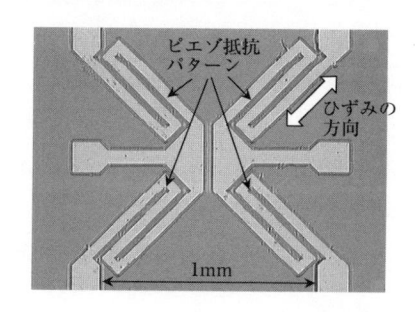

図 2.14 シリコンウェハ上に形成されたピエゾ抵抗ひずみゲージのパターン例

2.2 力・圧力・加速度センサ

2.2.3 加速度・振動センサ

　加速度や振動の測定には慣性力が応用され，錘(おもり)に働く変位やひずみを測定することにより，間接的に加速度，振動を求める．図 2.15 に加速度・振動センサの測定原理を示す．圧電素子やピエゾ抵抗などを用いて錘に働く力を測定する手法 (同図 (a), (b)) と，電磁力や静電力を用いて錘を一定場所に制御する手法 (同図 (c)) がある．前者は構造が簡単であるが，センサや梁の物性により測定範囲の制限を受ける．また後者は，電気的に制御が可能であるため測定範囲を広くとることができるが，制御回路などの周辺機器が必要となる．最近では (b), (c) の構造は，マイクロマシンの一分野である **MEMS**(micro electro mechanical systems) 技術により，シリコンの一体構造で製作されている．

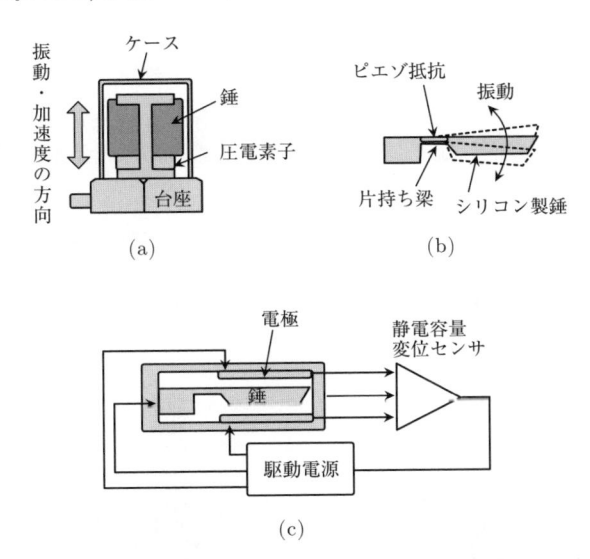

図 2.15　加速度・振動センサに用いられる代表的な測定原理

　また，衝撃などの大きな加速度を対象とする場合は**衝撃センサ**とよばれ，車のバンパーに複数設置されて，衝突時のエアバッグを開くタイミング制御などに用いられている．MEMS 技術によるもののほか，リードスイッチ，スプリング，磁石を組み合わせたものがある．基本的に 1 軸方向のみの検出であり，衝撃の向きにより複数個のセンサを組み合わせる必要がある．

2.2.4 振動ジャイロへの応用

移動するメカトロニクス機器では，距離や方向を加速度の積算により求める場合がある．これに用いられるのがジャイロ (gyroscope) で，長らくジンバルに固定された独楽が用いられてきたが，最近では構造が簡単で安価な**振動ジャイロ**が使われる．図 2.16(a) のような単振動する振り子で，振動ジャイロの原理を考える．質量 m の振り子の速度ベクトルを $\vec{V}$，回転の角速度ベクトルを $\vec{\Omega}$ とすると，錘は $\vec{F}$ の**コリオリカ** (Coriolis force) を受け，その関係は

$$\vec{F} = -2m\vec{\Omega} \times \vec{V} \tag{2.3}$$

で表される．そこで，振動方向と直角の方向の力を測定することにより，回転の角速度を求めることができる．実際には，同図 (b) のように圧電素子などで作った振動子を用い，軸まわりの角速度を求める 1 軸の振動ジャイロを構成する．コリオリ力は振動子のねじれとして出現するので，この検出が可能なように分割した電極を表面に配置して，左右の圧電素子の電圧差からねじれに比例した出力を取り出す．本センサも MEMS 技術を用いて 3 軸同時に計測可能な小型のものが開発されており，カメラの手振れ防止機構，カーナビゲーションシステム，ロボットなどに用いられている．

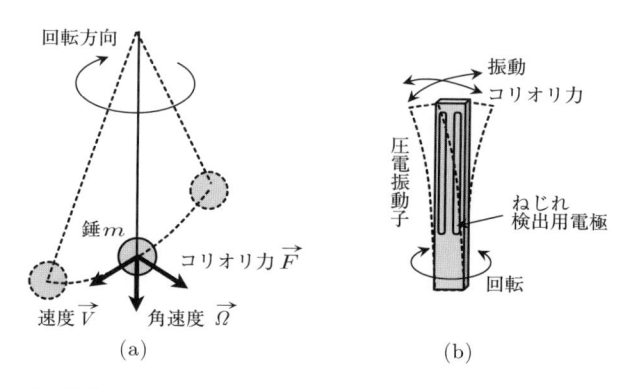

図 2.16 振動ジャイロの原理 (a) と圧電振動子によるジャイロ構成 (b)

2.2.5 圧力センサ

圧力センサでは，図 2.17 のように，流体を導入する小さな管路とともに圧力室を設け，加圧によるダイヤフラム (隔壁) の機械的な変位，または変形を検

2.2 力・圧力・加速度センサ

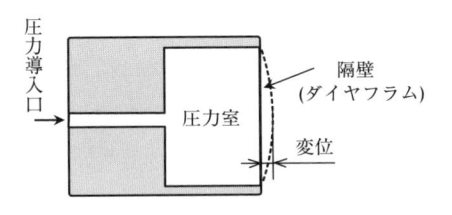

図 2.17 圧力センサの構造と原理

出する手法が用いられる．これらの検出原理としては，抵抗線，静電容量，共振周波数変化などがあるが，最近ではMEMS技術を用いた**抵抗線式**のものが多くなっている．また，**静電容量式**は微圧，高感度用に用いられ，**共振周波数式**は温度特性がよく高分解能，高安定性が特長である．

（1） 抵抗式圧力センサ

圧力隔壁の変形を，抵抗線ひずみゲージ，薄膜抵抗素子，ピエゾ抵抗素子などにより検出する方式である．抵抗線ひずみゲージによる方法は，隔壁の材質により耐圧や感度を制御できるので，幅広い圧力範囲に対応可能である．

薄膜抵抗を用いる方法は，ダイヤフラム上にピエゾ素子を接着したり，金属の蒸着によりひずみゲージのパターンを形成する．MEMS技術を用いて，シリコンでダイヤフラムを形成するとともに，この上に直接ピエゾ抵抗を形成する手法が用いられる．

図2.18に典型的な抵抗式圧力センサの構造を示す．シリコンを局所的に薄型構造にエッチングしてダイヤフラムを形成し，この上に図2.14のようなブリッジ型のピエゾ抵抗素子を作製する．シリコンチップをポート上に固定し，リー

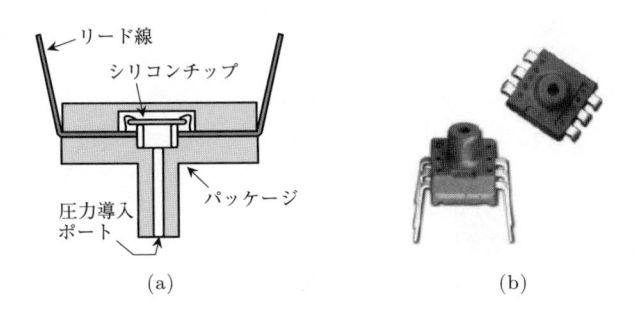

図 2.18 半導体圧力センサの構造 (a) とパッケージの例 (b)

ド線とともに IC パッケージに封入することにより，同図 (b) のようなプリント基板上に実装可能な圧力センサとなる．最近では信号処理回路を一体的に作りこみ，圧力に比例する信号が直接得られるものもあり，**半導体圧力センサ**，**シリコン圧力センサ**などの名称でよばれている．高感度で量産性があり，20 kPa 〜200 MPa 程度のものが商品化されている．

2.3 温度センサ

温度を電気信号に変換するためには，熱電対を用いるもの，金属や半導体の温度特性を用いる方法がある．正確に温度を測るという本来の用途のほか，過負荷によるモータ，軸受，駆動回路の発熱監視などにも用いられており，安全面からも重要なセンサである．

2.3.1 熱電対

図 2.19 のように 2 種類の金属線の両端を接合し，接合部を異なる温度中に置くと，熱起電力を生じ回路中には電流が流れる．これを**ゼーベック効果** (Seebeck effect) といい，熱起電力を生じる金属の組合せを**熱電対** (thermo-couple, thermo-junction) と称する．

熱起電力 E は金属の組合せに依存するが，物性値としては冷接点側に氷の融点 ($0°C$) を用いたときの鉛に対する起電力で与えられる．このとき

$$E = \alpha t + \frac{1}{2}\beta t^2 \tag{2.4}$$

が成立する．ここで，t はセルシウス温度，α, β は，金属線の材質に依存する比例定数である．一般に α は数〜数十 mV/°C のオーダであり，熱起電力も数〜

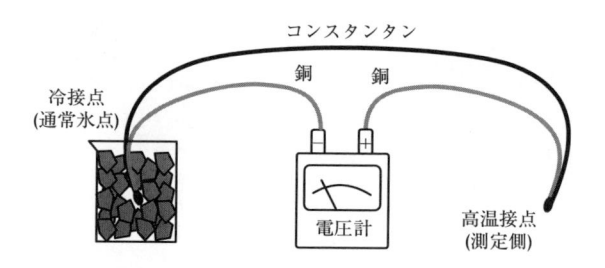

図 2.19 熱電対による起電力測定

2.3 温度センサ

表 2.1 主要熱電対の性能一覧

熱電対名称	使用温度範囲 (°C)
クロメル–アルメル	−200〜1000
鉄–コンスタンタン	−200〜600
銅–コンスタンタン	−200〜300
白金–ロジウム	0〜1500

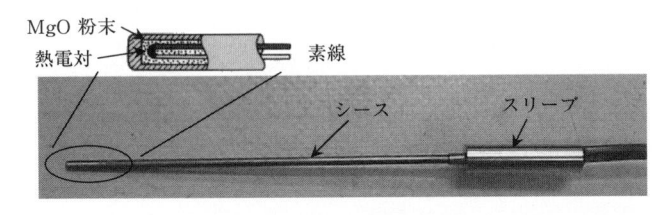

図 2.20 シース熱電対の外観

数十 mV の範囲である．熱電対には熱起電力が大きくなる組合せが開発されており，クロメル[2]–アルメル[3]，鉄–コンスタンタン[4]，銅–コンスタンタン，白金–ロジウムなどが代表的なものである．表 2.1 にその概要を示す．熱電対は金属線の溶接により製作され，先端がビーズ状になっているものがよいとされる．

実用的には，熱電対を酸化マグネシウムやアルミナによる絶縁材とともに，図 2.20 のような細い金属管 (sheath) に封入したシース熱電対として使用される．シース熱電対には，多くの JIS 規格 (C1605 など) が定められている．また，基準温度接点付きの専用集積回路を用いると，氷などの冷接点を用いることなく，温度を測定可能である．

2.3.2 抵抗測温体

金属に温度を加えると，結晶格子内での熱振動が増えるため自由電子の運動が阻害され，抵抗が大きくなる．そこで金属の抵抗を測ることにより，温度を測定する素子を**抵抗測温体** (resistance temperature detector) とよぶ．なかでも白金線を用いた抵抗測温体は，抵抗が −250〜750°C の範囲でほぼ直線的に

---

[2] Ni 89%, Cr 9.8%, Fe 1%, Mn 0.2%の合金．
[3] Ni 949%, Al 2%, Si 1%, Fe 0.5%, Mn 2.5%の合金．
[4] Cu 60%, Ni 40%の合金．

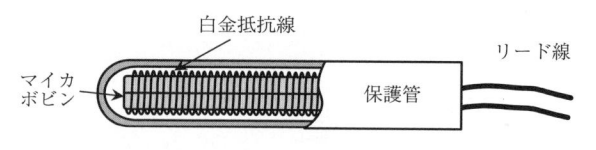

図 2.21 白金抵抗測温体の構造

変化するため，高精度の温度センサとして使用することができる．図 2.21 は，白金抵抗測温体の例である．マイカ (mica；雲母) などの耐熱材料に白金線を巻き，磁器製の保護管に封止したもので，標準温度計として用いられる．形が大きく高価なのが難点であるが，フィルム上に白金を蒸着した薄型のものも開発されている．

2.3.3 サーミスタ

サーミスタ (thermistor) は，半導体の温度による抵抗変化を用いたセンサである．直線性はあまりよくないものの，感度がよく，小型，安価なため，温度センサとして最も広く用いられている．素子の構造は，Co, Cu, Fe, Mn, Ni などの金属酸化物混合粉末を焼成し，両側に電極を取り付けた単純なものである (図 2.22)．

サーミスタの温度 t での抵抗値 $R(t)$ は，次式で表される．

$$R(t) = R_0 \exp\left[B\left(\frac{1}{t} - \frac{1}{t_0}\right)\right] \tag{2.5}$$

ここで，t_0 は基準温度 (通常 25°C)，R_0 は基準温度での抵抗値，B は成分，製造工程により決まる比例定数 (3000〜3500 程度) である．これは図 2.23 のように，温度とともに抵抗が減少する特性をもち，NTC (negative temperature control) 型サーミスタとよばれ，−50〜400°C 程度の範囲で温度センサとして用いられる．また，温度とともに抵抗が上昇するものは PTC (positive temperature

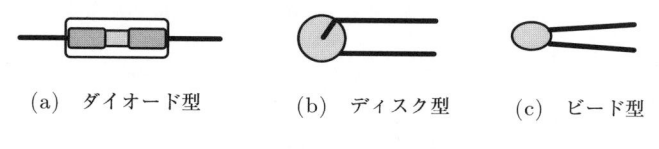

(a) ダイオード型　　(b) ディスク型　　(c) ビード型

図 2.22 サーミスタの構造

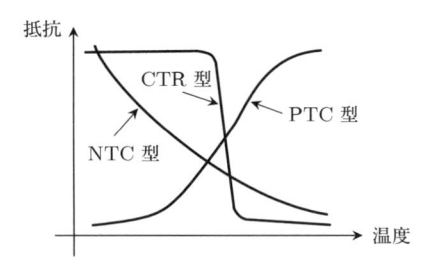

図 2.23 サーミスタの温度特性曲線

control) 型,特定の温度で抵抗値が急変するものを CTR (critical temperature resistor) 型と称し,前者は温度スイッチ,後者は温度警報など,それぞれの目的に応じて使い分けられている.

演習問題 2

2.1 センサが動作不能の領域を不感帯というが,
 (a) 反射型フォトインタラプタの場合
 (b) ロータリーエンコーダの場合
について示せ.

2.2 温度センサを使用するときの注意点を述べよ.

3 動力伝達機構要素

　メカトロニクス機器の運動機構部を構成するためには，構造部材を用いて骨格を形成したのち，歯車，ベルト，ねじなど各種の動力伝達機構要素を用いて，アクチュエータの運動の伝達，変換を行う．このような機構要素はさまざまな機械で使用され，工業上も標準化が進んでおり，JIS規格や業界標準が制定されているものも多い．本章では，このような動力伝達用機構要素の基本を示すとともに，応用例を紹介する．

3.1 動力伝達機構

　モータなどの原動機から動力を伝達するためには，必要とする運動，出力に応じた伝達機構が必要である．代表的なものは，歯車やベルトによる機構であるが，これらは減速機を兼ねている場合が多い．また，回転運動を直線運動に変換するためのボールねじや，複雑な運動を実現するためのカム，リンク機構などがある．ここではメカトロニクス機器によく用いられる動力伝達機構について，基本的な仕組みを示す．

3.1.1 歯車減速機

　歯車による動力伝達機構は，効率のよい動力伝達要素として一般的なものである．歯車の種類や伝達，減速などの目的に応じたさまざまの種類があるが，ここではモータの減速機構に用いられるギアヘッドに使われているものを示す．

(1) 平歯車による減速機構

一般的な**平歯車** (spur gear) を用いる減速機構について考えてみよう．

図3.1の1段目のように，歯数が Z_1, Z_2 の2枚の平歯車を用いて減速する場合，入力側回転数 n_0，出力側回転数 n_1 とすると，

$$n_1 = \frac{Z_1}{Z_2} n_0 \tag{3.1}$$

となる．Z_1/Z_2 を**減速比** (reduction ratio) という．大きな減速比が必要な場合は，歯車を多段に組み合わせる．このとき，i 段目の回転数を n_i とすれば，式(3.1)を繰り返し用いて

$$n_i = \prod_{k=1}^{i} \frac{Z_{2k-1}}{Z_{2k}} n_0 \tag{3.2}$$

と表される．一方，トルクは減速するほど大きくなり，入力トルクを T_0 とすると i 段目の出力トルク T_i は，

$$T_i = \eta \times \prod_{k=1}^{i} \frac{Z_{2k}}{Z_{2k-1}} T_0 \tag{3.3}$$

となる．ここで η は，i 段目までの総合的な機械伝達効率とする．式(3.3)からみると，減速するにつれトルクが大きくなるため，モータの出力が増えるように感じられる．そこで，i 段目の仕事率 W_i を計算してみよう．W_i は，i 段目のトルク T_i (N·m) と回転数 n_i (単位時間あたりの移動距離に比例) の積に比例するから，

$$W_i \propto T_i \times n_i = \eta \times \prod_{k=1}^{i} \frac{Z_{2k}}{Z_{2k-1}} T_0 \times \prod_{k=1}^{i} \frac{Z_{2k-1}}{Z_{2k}} n_0 = \eta \times T_0 n_0 \tag{3.4}$$

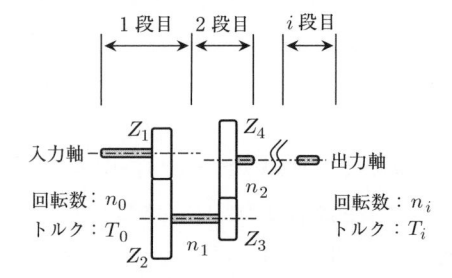

図 3.1 多段平歯車による減速機構

3.1 動力伝達機構

図 3.2 ピニオンギア付モータとギアヘッド

が得られる．これは，初段に入力したモータ出力比例分 $T_0 n_0$ が効率 η 分だけ後段に伝達されているに過ぎない．すなわち，減速機ではトルクの機械的増幅は可能であるが，もともとのモータ出力を増やすことはできない．

平歯車減速機は，図 3.2 のようにモータと一体構造にできるギアヘッドとして用いられることが多く，減速比 2000 程度まで，効率 0.4～0.9 程度のものが製作されている．ピッチ円直径を d とすると，**モジュール** $m\ (= d/z)$ が大きいほど伝達動力を大きくできるが，かみ合いによる騒音増大の原因になる．**はすば歯車** (herical gear) などを用いると，動力伝達の増大と静粛化を同時に図ることができる．

（２）　遊星歯車減速機

平歯車減速機で大きな減速比を得ようとすると，歯車を多段にせざるをえず，ギアヘッド部分が大きくなってしまう．また，出力軸も通常はモータの軸上ではなく，心がずれた位置になってしまうため，設計に制約が生じる．そこでこ

図 3.3 遊星歯車によるギアヘッド

のような不都合を避けたい場合，図 3.3 のような**遊星歯車** (planet gear) を用いたギヤヘッドが用いられる．同じ減速比の平歯車ギヤヘッドよりコンパクトで，出力軸もモータと同一軸上にあるので，機器の小型化を図ることが可能である．

（3） ウォームギアによる減速機構

ウォームギア (worm gear) を用いた減速機は，1 組の歯車で大きな減速比が得られる．図 3.4 のように，ウォームとウォームホイールの軸は直交している．駆動はウォームからウォームホイールに向かってのみ可能で，逆方向は機械的にロックがかかるという特長を有する．テニスコートなどのネットワイヤー巻取り機構などは，この機能を利用している．摩擦が多いため歯車としての効率は平歯車減速機に比べて低く，0.2〜0.6 程度である．

図 3.4 ウォームギアによる減速機構

3.1.2 巻掛け伝動

ベルトなどを用いた動力伝達は巻掛け伝動 (wrapping connector) とよばれ，95%程度の効率が得られるとともに，入出力軸の距離が離れている場合や，多軸を同時に駆動したいときに有利である．構成要素はベルトとプーリーであり，V 溝/丸溝プーリーの場合は，ベルトとの摩擦により最大伝達動力が決まる．メカトロニクス機器では，すべりがない歯付ベルトと歯付プーリーを用いる場合がほとんどであり，位置決め用途などに使用される．また，チェーンは，伝達力の大きな巻掛け伝動の一種である．

3.1 動力伝達機構

(1) 摩擦ベルト駆動

断面が平らな**平ベルト** (flat belt),丸型の**丸ベルト** (round belt),V字型の**Vベルト** (V-belt) による巻掛け伝動は,軸間距離が離れているときに用いられる一般的な駆動法である.プーリー (pulley) はベルトの断面形状に合わせた形をもつものを使用するが,Vベルトでは40°程度のテーパー溝角度をもつものが多く使用される.平ベルトは長い軸距離,丸ベルトは小動力使われる場合が多く,Vベルトは複数本を並列に使用することにより,かなり大きな(数十〜100 kW)動力を伝達可能である.

減速比や伝達トルクは歯車の場合と同様であるが,ここではプーリーの直径がパラメータとなる.図3.5のように直径が d_1, d_2 のプーリーを用いた場合,入力側回転数 n_1,出力側回転数 n_2 とすると,

$$n_2 = \frac{d_1}{d_2} \times n_1 \tag{3.5}$$

となる.またトルクの関係は,

$$T_2 = \frac{d_2}{d_1} \times T_1 \tag{3.6}$$

であるが,このときベルトがスリップしないような範囲で使用する.また,高速運転時には遠心力によるベルトの膨らみなどにも注意が必要で,摩擦ベルト駆動の一般的使用条件は,軸間距離数 m 以内,減速比1:10以下,ベルト運動速度30 m/s以内とされている.

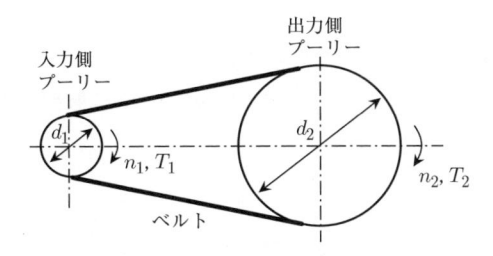

図3.5 摩擦ベルト駆動系

(2) 歯付ベルト駆動

歯付ベルト駆動 (synchronous belt drive) は,図3.6にみられるように,ベルトとプーリーの双方に歯を付けたもので,摩擦ベルトに比べるとすべりがな

図 3.6 歯付ベルトと歯付プーリーによる伝動

いため，精密な位置決めなどに使用することができる．ずれが生じないため，多軸を駆動しても正確に同期をとることができるので，**シンクロベルト**，**タイミングベルト**ともよばれる．使用条件は通常のベルト駆動に準じるが，より精密，高負荷な用途に使用される．

（3） チェーン伝動

ローラーチェーン (roller chain) と**スプロケット** (sprocket) による伝動は，自転車やバイクなどに用いられている伝動要素としておなじみであろう．ローラーチェーンは図 3.7 のように，まゆ形をしたプレート間にローラーを中空のブッシュで固定した内リンクと，ピンを通した外プレートを交互に組み合わせて構成される．ピンは通常かしめにより固定されているが，継ぎ手部分では割りピンやクリップを用いて，取り外し可能な構造としている．また，小型のものはブッシュのみでローラーがないため，**ブッシュチェーン** (bush chain) とよばれる．スプロケットは，チェーンとかみ合うように歯形が規定された専用歯車である．

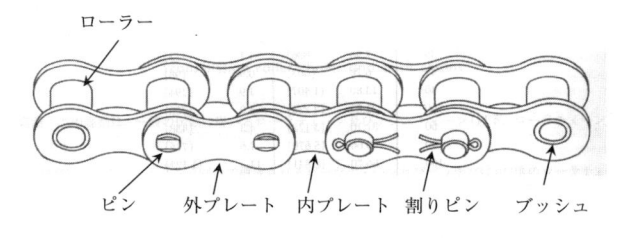

図 3.7 チェーンの構造

3.1 動力伝達機構

チェーン伝達ではベルト伝達と同様に，多列構成にすることにより，伝達動力を増すことができる．使用に伴い，ブッシュ・ピン間の隙間増大によるチェーンの伸びや，スプロケットの磨耗が生じるので，定期的な保守が必要である．また，ベルト伝達などに比べて，かみ合いに伴う騒音が大きい傾向がある．

3.1.3 ねじによる伝動

ねじの回転により機械要素の往復直線運動を行う方法は，工作機械の送り機構などにみられる典型的な伝動手法である．送り量はねじのリードに依存し，リードが大きいほど移動速度は大きくなるが，負荷容量や剛性は小さくなる．そこで，多条ねじにより，リードと容量，剛性の両立が図られる．ねじ形状としては，大きな駆動力が得られる角ねじや台形ねじが用いられてきたが，最近ではボールねじが一般的に用いられるようになっている．

(1) ボールねじ

ボールねじ (ball screw) は，図 3.8 にみられるように，ねじ軸とナットの双方に半円状の溝を切り，溝内にボールを循環させることにより，摩擦が小さく滑らかな送り運動を実現する送りねじである．駆動力が大きく精密な位置決めが可能なため，工作機械やテーブルなどによく用いられ，位置決めに関するメカトロニクス機械要素として重要な部品である．ボールの循環に伴う振動や騒音が発生する場合があるが，ねじ面を研削したり，ボール間距離を一定に保つためのリテーナー (retainer；保持器) を挿入することにより，低騒音のものが実現されている．また，材質も金属以外に樹脂製やセラミック製のものが製作されており，真空などの特殊環境での使用に耐えるものもある．

位置決めを行う際には，ナットとねじの隙間による**バックラッシュ** (backlash) が誤差要因となりうるが，ボールねじでは**予圧** (preload) をかけることにより，この問題を解決している．これは図 3.9 に示すように，分割した 2 つのナット間にスペーサーや皿ばねを用いてボールを溝内で軸方向に押し付け，左右のナット間に圧力を働かせて，隙間のガタをなくす方法である．スペーサーを用いる方法は**定位置予圧**，皿ばねを用いる方法は**定圧予圧**とよばれる．高精度な位置決め要素としてボールねじを使用する際は，ねじが曲がったりずれたりしないよう十分な注意が必要である．このため荷重は案内要素で受け，ねじには

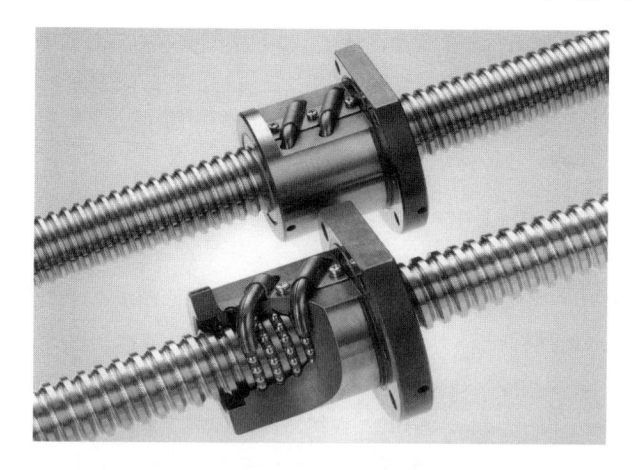

図 3.8 ボールねじの構造 (日本精工㈱カタログより)

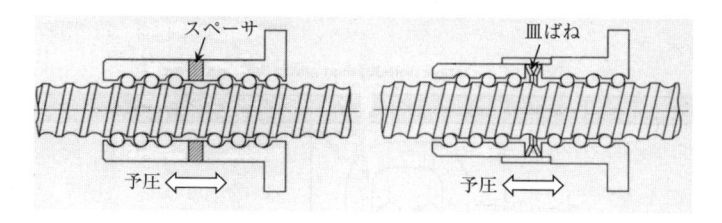

図 3.9 ボールねじの予圧法 (日本精工㈱カタログより)

軸方向駆動力のみがかかるようにするとともに，ベアリングを用いた専用のサポートユニットなどを用いてねじ端部を固定するのが一般的な使用法である．

3.1.4 カム・リンク機構

実際のメカニズムでは，単純な回転や直線運動のほかに，速度，位置などが時間に応じて変化する複雑な運動が必要になる場合がある．このような場合に用いられるのが，カムやリンク機構であり，エンジンの吸排気弁の開閉制御を行うカム機構，ピストン・クランク機構などが代表例である．

(1) カム

板の外周や溝にならって従動部に運動を与える要素を，**カム** (cam) という．カムの形状から，図 3.10 のような板カム，円筒カム，直動カムなどがあり，カ

3.1 動力伝達機構

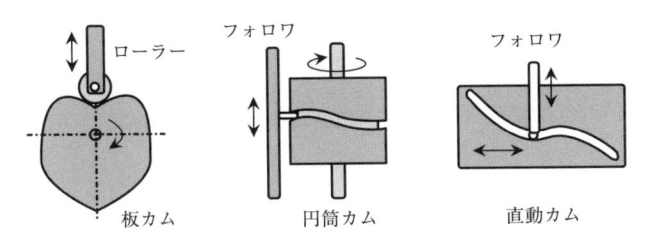

図 3.10 各種カムの構成

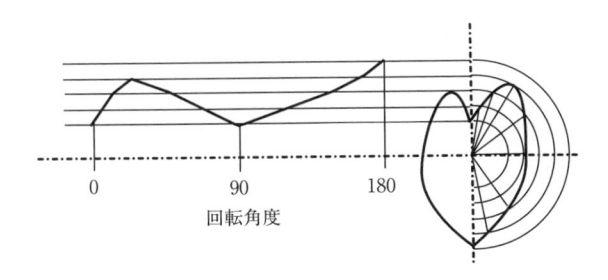

図 3.11 カム線図の例

ムに従って動く部分を**フォロワ** (follower；従動子) とよぶ．フォロワがカムに直接接触していると，摩擦が大きく磨耗の原因になるので，ローラーを用いた**ローラーフォロワ**を用いる場合が多い．

カムでは回転角や位置により，フォロワがどのような動作を行うかが設計のポイントとなる．この場合，図 3.11 のようなカム線図を製作し，位置，速度などを検討する．

(2) リンク

リンクは棒状の部材を回転できるようにピンで結合し，運動を伝達する機構である．通常，4 つの部材からなる**四節回転機構**として用いられるが，実際に

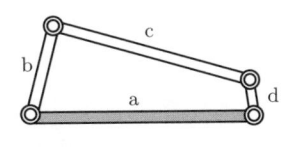

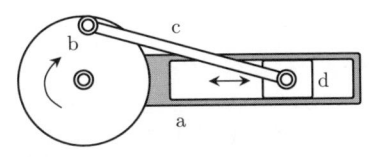

図 3.12 ピストン・クランク機構

は図 3.12 のように, 1 か所にすべり対偶を用いた**ピストン・クランク機構**として使われることも多い. この機構は, リニアアクチュエータを用いた駆動機構にもよく用いられ, 油圧シリンダによる建設機械のアームやロボットアームなどはその典型である.

3.2 案内機構

精密な機械運動を実現するためには, 正確な幾何学運動を与えるための案内機構が必要である. 従来は, すべり案内など機械面を直接用いる手法がとられてきたが, 最近では設計容易性, 生産性, 摩擦などを考慮して, ころがり案内による専用の機械要素が用いられる傾向がある. ベアリングやボールスプラインなどは, その好例である.

3.2.1 ベアリング

球などの転動体を外輪・内輪間に保持し, 転がり接触させる軸受をベアリング (rolling bearing) とよぶ. 転動体の形により, 図 3.13 のような玉軸受 (ball bearing), ころ軸受 (roller bearing), 針状ころ軸受 (needle bearing) などがある. また, 荷重を半径方向に受けるものをラジアル軸受 (radial bearing), 軸方向に受けるものをスラスト軸受 (thrust bearing) という. 用途によりさまざまなものが規格化されているほか, 外径数 mm の精密用ミニュチュアベアリングから, 重機用の直径数 m のものまで存在し, 工業上重要な機械要素となっている. 代表的なものの構造を以下に示す.

（1） **深溝玉軸受** (deep groove ball bearing)

最も一般的な軸受で, 内外輪に切られた溝に球がリテーナーにより支持されている. ラジアルとスラストの両方向の荷重を受けることができる. 通常, 油やグリースで潤滑されているが, これらが失われないように金属板やプラスチック板で密封されたものもあり, メンテナンスに配慮されている.

（2） **円筒ころ軸受** (cylindrical roller bearing)

玉軸受が点接触なのに対し, ころを用いると転がり面で線接触するので, ラジアル方向に大きな負荷を支えることができる. 通常, スラスト (軸) 方向には

3.2 案内機構

図 3.13 各種ベアリングの構造
(1) 深溝玉軸受
(2) 円筒ころ軸受
(3) スラスト玉軸受
(4) 円錐ころ軸受
(5) 自動調心ころ軸受
(6) 針状ころ軸受（ころと保持器のみ）

支持がないので，スラストベアリングなどと組み合わされる場合が多い．

（3） スラスト玉軸受 (thrust ball bearing)

スラスト方向専用の軸受である．内外輪に相当する部分は**軌道盤**とよばれる．基本的に分離型の構造でラジアルベアリングと組み合わせて使用される．

（4） 円すいころ軸受 (tapered roller bearing)

円すい状のころを並べ，ラジアル方向と軸方向の両方の大負荷を支えることができる．鉄道車両の車軸や工作機械などに用いられる．

（5） 自動調心ころ軸受 (self-aligning roller bearing)

たる型の球面ころと，これに合わせた2列の転動面からなるベアリングである．外輪の転動面形状は軸受の中心と一致しているので，軸が傾いても常に中心がずれないため，自動調心 (self-aligning) の名がついている．大荷重がかかり軸がたわんだ場合でも，軸受に無理な力がかからず負荷が支持可能である．

（6） 針状ころ軸受 (needle roller bearing)

ベアリングの直径を小さくするため，細長い針状のころが用いられている．構造が同様のローラーベアリングに比べ，小型軽量でラジアル方向に大きな負荷能力をもつため，オートバイ，自動車などに多用されている．

3.2.2 直動要素

工作機械の送りテーブルなどは，良好な直線運動を実現するため，V溝や平面などを組み合わせた摺動面が用いられてきた．しかし高精度での製作が難しいことや，摺動面の磨耗管理などが必要であることから，用途に応じた案内要素を用いる場合が増えている．メカトロニクス機器では，ボールスプラインやリニアガイドがよく用いられる．

（1） ボールスプライン

ボールスプラインは，図3.14のように，軸方向に数条の溝または突起をもった**スプライン軸** (splined shaft) と，この上をスライドする**スリーブ** (sleeve) から構成される直動案内要素である．スリーブ内には，ボールが循環する機構が3〜6列程度設けられており，軸に対してボールが転動することにより，小さな動摩擦係数 (0.005以下) の高精度直線運動を実現している．スリーブ形状には

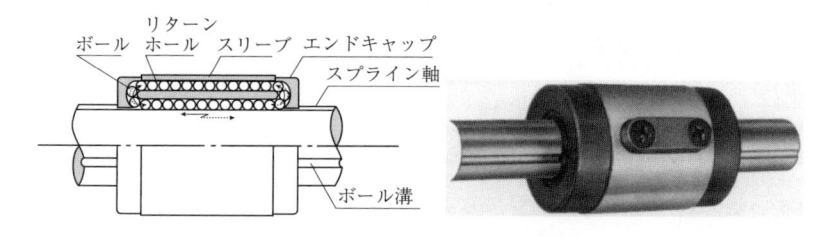

図 3.14 ボールスプラインの構造

3.2 案内機構

図 3.15 リニアスライドの例 (日本精工㈱カタログより)

設置場所に応じ，円筒，フランジ付きなどがある．また，丸軸を用いたものは軸まわりの回転が可能である．

(2) リニアガイド

ボールスプラインの耐加重性を高めようとすると，軸やスリーブが太くなってしまう．そこで，断面が四角の軌道軸と転がり要素を用いた**リニアベアリング**により，耐荷重性を格段に向上した直線案内要素が開発され，**リニアスライド**，**ローラーガイド**の名称でもよばれている．図 3.15 に示すように，軌道軸に対してボールやローラーによる転がり案内部を設けて，摩擦を低減するとともに，負荷容量を増している．案内部は軸を取り囲むように複数配置されているため，軸まわりのモーメントや横荷重にも耐える．また，軌道軸やスリーブが角型のため，スプラインに比べて設置の容易性が向上している．さらに，軌道軸を継ぎ合わせることにより，長尺の案内機構を製作することも可能である．NC 工作機械や一般産業機械の直線送り要素として，多種多様のものが製作されている．

(3) XY テーブルへの応用

図 3.16 は，下段にリニアガイド，上段にボールスプラインを用いた XY テーブルで，テーブルの位置決めはステップモータとボールねじを用いている．ス

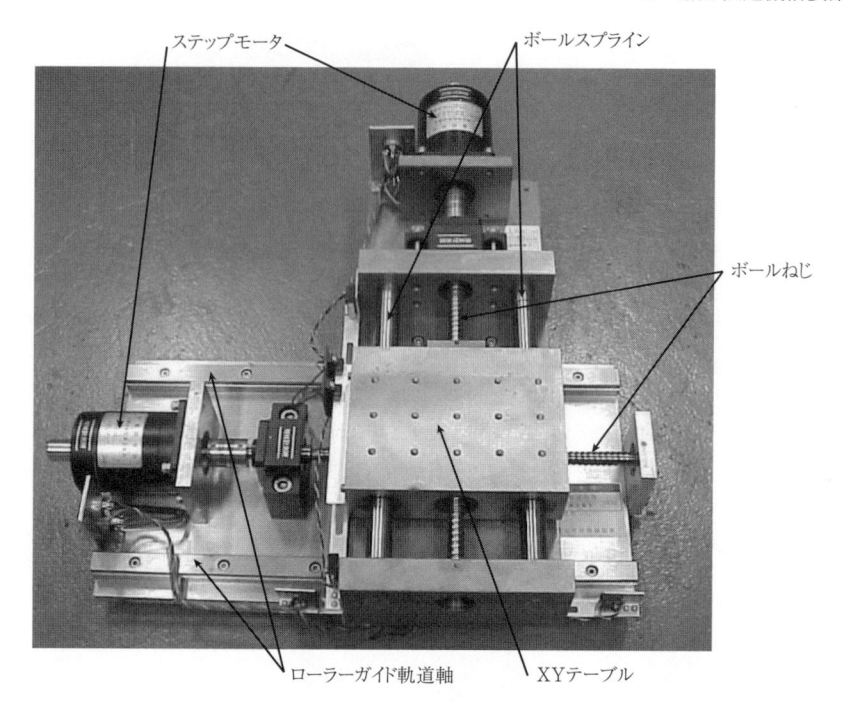

図 3.16 各種の案内機構を用いて構成した XY テーブルの例

テップモータの駆動パルス数がテーブル位置と比例するため，簡単なメカニズムとステップモータドライバにより，μm オーダの位置決めメカニズムが構成可能である．また，このように要素ごとに役割が決まっていると，機器設計の際に強度設計，運動速度，位置決め分解能などを個別に設定しやすくなるとともに，不良個所が発生しても部品交換により対応可能であるため，メンテナンス性が向上する．

演習問題 3

3.1 ベアリングは，すべり軸受と比べてどのような利点，欠点があるかを述べよ．

3.2 送り機構において，空気や油圧などによる静圧ねじを用いた場合の得失について述べよ．

3.3 JIS 規格が制定されている動力伝達用機械要素には，どのようなものがあるか．例示せよ．

4 電子回路の基本要素

　メカトロニクスに関連する電子回路要素としては，連続量を扱うアナログ回路要素と，離散量を取り扱うデジタル回路要素に大きく分けることができる．前者は，抵抗，コンデンサ，ダイオード，トランジスタなどであり，アナログ的演算やアクチュエータの駆動回路などに用いられる．後者は，電圧の有無を 2 進数の 0, 1 に対応させ，コンピュータ内部などでデータ処理に用いられる．これから 4 章にわたって，このような電子回路要素について学んでいくが，まずはじめに電子回路の基礎であるアナログ回路要素について理解を深めることにする．アナログ回路要素には，抵抗，コンデンサ，コイル，トランスのような受動素子がある．またリレーなどの電機要素もメカトロニクス機器に用いられるため，本章ではこれらを含め，素子の基本的性質と使用法などを紹介する．

4.1 抵　　抗

4.1.1 抵抗の働き

　抵抗器 (resistor) は最も基本的な回路要素であり，図 4.1 の抵抗値 R を流れる電流 I と電圧 E の関係は，電気の基本法則である**オームの法則** (Ohm's law) を満たす．

$$I = \frac{E}{R} \tag{4.1}$$

また，抵抗 (resistance) に交流電圧 $e(t) = E\cos(\omega t + \theta)$ を加えたとき，抵抗を流れる電流は，

$$i(t) = \frac{E}{R}\cos(\omega t + \theta) \tag{4.2}$$

(a) 回路図　(b) 流体要素的表現　(c) 物理的表現

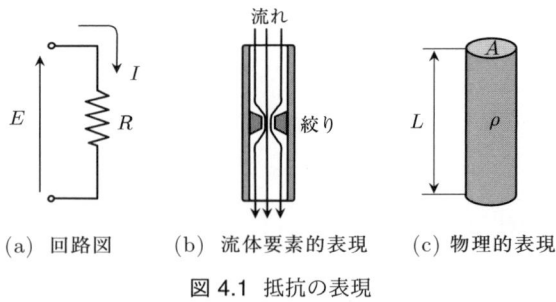

図 4.1　抵抗の表現

となり，抵抗器中の電圧と電流は同位相である．なお，電気抵抗の単位には，Ω (オーム) を用いる．

抵抗を流体力学的に解釈すると，同図 (b) のように管路に設けられた絞りであり，これにより流量が制限され圧力損失を生じるのと同様の現象と考えることができる．

さらに物理的な意味での抵抗は，同図 (c) のように物体の体積抵抗率を ρ ($\Omega\cdot$m)，断面積を A (m^2)，長さを L (m) とすると，

$$R = \frac{\rho L}{A} \tag{4.3}$$

により表される．

抵抗器には ρ の大きい炭素や金属の酸化皮膜が，電線には ρ の小さい銅が用いられる．また，抵抗器では，電力 P

$$P = I^2 R = \frac{E^2}{R} \tag{4.4}$$

が消費され，最終的に熱となって周囲に放散される．抵抗器には固有の許容電力があるため，使用にあたってはこれを超えないように注意が必要である．

4.1.2　抵抗の直並列接続

図 4.2 に示すように，直列接続では次式のように抵抗値の比例配分により出力電圧 E' を設定することができ，これを**分圧** (voltage devide) とよぶ．

$$E' = \frac{R_2}{R_1 + R_2} E \tag{4.5}$$

一方，並列接続では端子間電圧が等しいことから，各抵抗を流れる電流 I_1，I_2 は，

4.1 抵抗

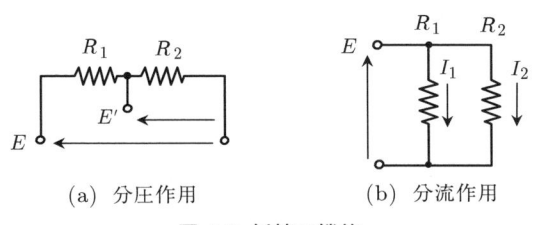

(a) 分圧作用 (b) 分流作用

図 4.2 抵抗の機能

$$I_1 = \frac{E}{R_1} \tag{4.6}$$

$$I_2 = \frac{E}{R_2} \tag{4.7}$$

となり，抵抗値の逆数に比例配分した電流を流すことができる．これを**分流** (shunt) という．

一般に n 本の直列抵抗，並列抵抗の**合成抵抗** $R_\mathrm{s}, R_\mathrm{p}$ は，以下の式で表される．

$$R_\mathrm{s} = \sum_{k=1}^{n} R_k \tag{4.8}$$

$$\frac{1}{R_\mathrm{p}} = \sum_{k=1}^{n} \frac{1}{R_k} \tag{4.9}$$

4.1.3 実際の抵抗器

抵抗器には，抵抗値が固定のものと可変のものがあるほか，容量，用途に応じてさまざまなタイプが存在する．

（1） 固定抵抗器

固定抵抗器としては，図 4.3 のように炭素皮膜や金属/金属酸化皮膜を用いた小電力用のもの，抵抗線を磁器 (琺瑯) や，セメントに埋め込んだ大電力用のものがある．小型の抵抗は抵抗値を表記するスペースがないので，図 4.4 に示すように，色帯で抵抗値や誤差などを表す**カラーコード** (表 4.1) が用いられる．たとえば，「黄紫赤銀」の場合は，$47 \times 10^2 \Omega = 4.7$ kΩ，誤差 ±10% の抵抗ということになる．また，抵抗値が表記されているものでも，誤差はアルファベットで表記されている場合が多く，「22 kΩJ」と表記されている場合は，抵抗値が 22 kΩ，誤差が ±5% の抵抗である．さらに，表面実装用チップ抵抗な

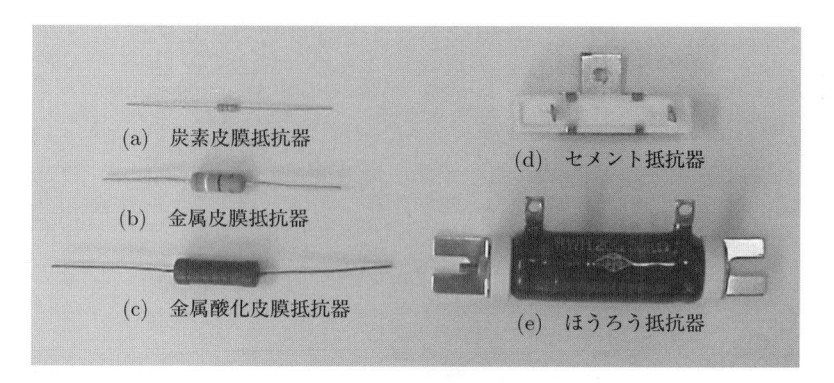

図 4.3 さまざまな固定抵抗

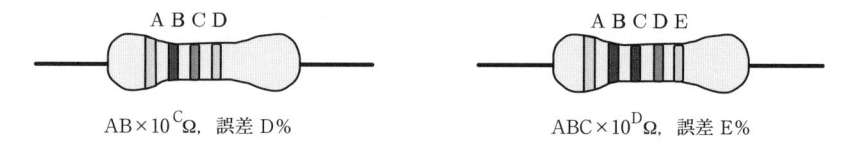

$AB \times 10^C \Omega$, 誤差 D%

$ABC \times 10^D \Omega$, 誤差 E%

図 4.4 抵抗のカラーコード (2 桁と 3 桁 (高精度) の場合)

表 4.1 抵抗のカラーコード表

色	数字	乗数	誤差 (誤差記号)
黒	0	0	—
茶	1	1	±1% (F)
赤	2	2	±2% (G)
橙	3	3	—
黄	4	4	—
緑	5	5	±0.5% (D)
青	6	6	—
紫	7	7	—
灰	8	8	—
白	9	9	—
金	—	—	±5%(J)
銀	—	—	±10%(K)
無色	—	—	±20%(M)

4.1 抵抗

ど超小型の抵抗では，カラーコードの数字3桁をそのまま表記し，「103」→ $10 \times 10^3 \Omega = 10 \text{ k}\Omega$ のように表す場合もある．

(2) 抵抗の数値

炭素皮膜抵抗器などでは，端数をもった抵抗値が多く，きりのいい数値の抵抗がみあたらない．たとえば3kΩの抵抗を使いたいと思っても，3.3kΩか2.7kΩの抵抗で代用するしかない．これはなぜであろう？

ここでは，±20%の誤差をもつ抵抗について考えてみよう．たとえば，1kΩの抵抗からはじめ，1kΩずつ増やして10kΩまで，きりよく10種類の抵抗を作る場合を考える．このとき，誤差を考えに入れると，1kΩの公称抵抗は，抵

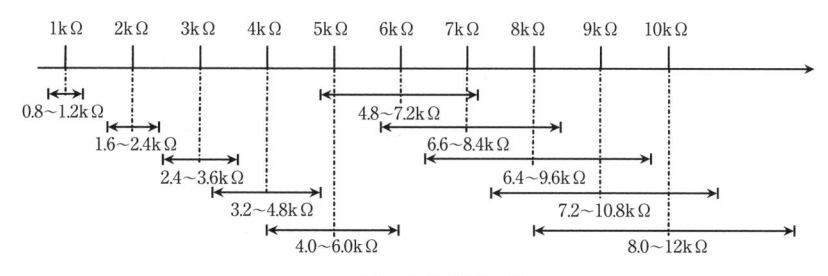

(a) 自然数列の場合

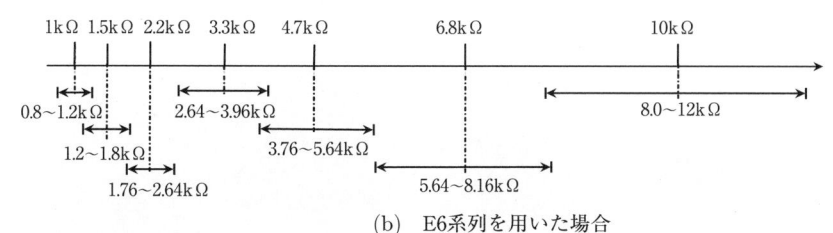

(b) E6系列を用いた場合

図4.5 抵抗値の誤差範囲

表4.2 E系列の例：JIS(C5063) 抵抗器およびコンデンサの標準数列による

系列名	数列	誤差
E6	1.0, 1.5, 2.2, 3.3, 4.7, 6.8	±20%
E12	1.0, 1.2, 1.5, 1.8, 2.2, 2.7, 3.3, 3.9, 4.7, 5.6, 6.8, 8.2	±10%
E24	1.0, 1.1, 1.2, 1.3, 1.5, 1.6, 1.8, 2.0, 2.2, 2.4, 2.7, 3.0, 3.3, 3.6, 3.9, 4.3, 4.7, 5.1, 5.6, 6.2, 6.8, 7.5, 8.2 9.1	±5%

抗値が 0.8〜1.2 kΩ の間で分布することになる．同様に各抵抗値についての範囲を示すと，図 4.5(a) のようになる．数値が大きくなるにつれて重なり合う部分が増えてゆき，抵抗値の区分が意味をもたず，むだな製品を作ることにつながることがわかる．次に，特定の数値列を用いた抵抗を作ると，同図 (b) のようにたがいの重なり部分が少なくなり，むだがなくなる．この数列は **E 系列** とよばれ，表 4.2 のように誤差 ±20% に対しては E6 系列，誤差 ±10% に対しては E12 系列などが JIS 規格 (C5063) により定められており，抵抗に限らずコンデンサなどの電子部品も，この数値系列に従って生産されている．

(3) 可変抵抗器

可変抵抗器 (variable registor) の回路は，抵抗上での位置を変えられる中間端子と，抵抗の両端の 3 端子で表される．主に，抵抗の両端に加えられた電圧を中間端子により分圧する目的で用いられる．

図 4.6 に，さまざまな可変抵抗器の外観を示す．回転軸をまわして抵抗値を変えられる可変抵抗器は，**バリオーム** (vari-ohm) または**ボリューム**の一般名称でよばれる．大電流を流せる巻線型のものは，**レオスタット**という．また，ドライバーなどを用いて抵抗値を調整するものは**半固定抵抗** (trimer；トリマ) とよばれているが，多回転で精密に抵抗値を調整できるものについては，特にポ

(a) 可変抵抗器とレオスタット(右端)　　(b) ポテンショメータ

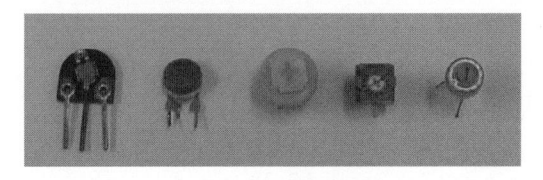

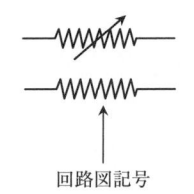

(c) 半固定抵抗器　　　　回路図記号

図 4.6 可変抵抗器の外観

4.2 コンデンサ

テンショメータ (potentiometer) と称される.

4.2 コンデンサ

4.2.1 コンデンサの働き

容量 (キャパシタンス；capacitance) が C のコンデンサ (condenser) に，図4.7 のように電圧 E を加えると，電流 I と電圧 E の関係は，以下の関係を満たす．

$$E = \frac{1}{C} \int I \, dt \tag{4.10}$$

また，コンデンサに交流電圧 $e(t) = E\cos(\omega t + \theta)$ を加えたときの電流は，

$$\begin{aligned}
i(t) &= C\frac{de(t)}{dt} = -\omega CE \sin(\omega t + \theta) \\
&= -\omega CE \cos\left\{\frac{\pi}{2} - (\omega t + \theta)\right\} = \omega CE \cos\left\{(\omega t + \theta) - \frac{\pi}{2}\right\}
\end{aligned} \tag{4.11}$$

となり，電流は電圧よりも 90°位相が進む．また，複素表示で表すと

$$e(t) = \frac{i(t)}{j\omega C} \tag{4.12}$$

となる．すなわち，交流に対する抵抗分である**リアクタンス** (reactance) は $1/(\omega C)$ であり，周波数が高くなるほどリアクタンスは小さくなるため，交流を通しやすいという性質がある．

コンデンサを流体力学的に解釈すると，同図 (b) のように，ばね付きのピストンシリンダとみなすことができる．すなわち，コンデンサに電流が流れ込むようすは，流体 (電流) がタンク (コンデンサ) に流れ込むことによりピストンが動き，伸縮されたばねにより流体圧力 (電圧) が徐々に大きくなっていく状態にたとえられる．

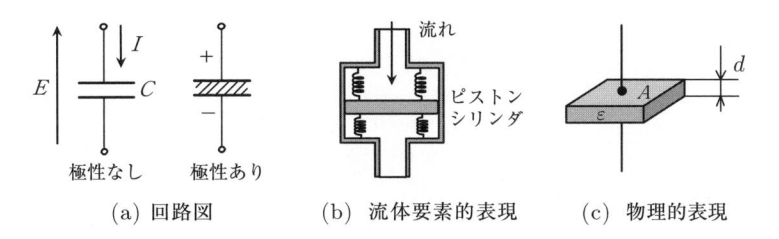

(a) 回路図　　(b) 流体要素的表現　　(c) 物理的表現

図 4.7 コンデンサの表現

物理的なコンデンサは，同図 (c) のように誘電体の誘電率を ε，極板面積を A (m^2)，距離を d (m) とすると，

$$C = \frac{\varepsilon A}{d} \tag{4.13}$$

により表される．誘電率 (permittivity) は，真空中の誘電率 ε_0 ($= 8.85 \times 10^{-12}$ F/m) と物質の比誘電率 ε_r を用いて表すと

$$\varepsilon = \varepsilon_0 \cdot \varepsilon_r \tag{4.14}$$

という関係がある．一般にコンデンサには比誘電率の大きな，雲母，セラミクス，プラスチックフィルムなどが使用される．

容量の単位としては，F (ファラド) を用いるが，実際のコンデンサには大きすぎるため，実用上は μF ($= 10^{-6}$ F) や pF ($= 10^{-12}$ F) が用いられることが多い．

4.2.2 コンデンサの直並列接続

図 4.8 に示すように，n 本のコンデンサの並列合成容量 C_p は，極板面積が増加したとみなせるため，次式のように単純な和として表される．

$$C_p = \sum_{k=1}^{n} C_k \tag{4.15}$$

一方，直列接続に関しては，各コンデンサを流れる電流 I が等しいことから，電源電圧 E は各コンデンサの電圧 E_i の和となり，

$$E = \sum_{k=1}^{n} E_k = \sum_{k=1}^{n} \frac{1}{C_k} \int i \, dt \tag{4.16}$$

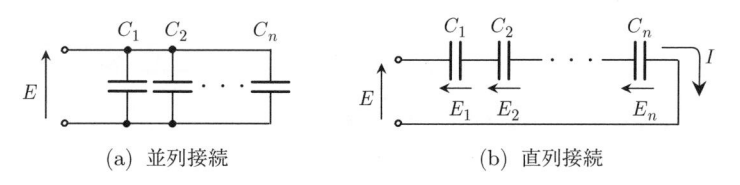

(a) 並列接続　　(b) 直列接続

図 4.8　コンデンサの合成容量

より，直列合成容量 C_s は，

$$\frac{1}{C_\mathrm{s}} = \sum_{k=1}^{n} \frac{1}{C_k} \tag{4.17}$$

で表される．

4.2.3 実際のコンデンサ

図 4.9 に示すようにコンデンサには，使用する誘電体の種類によりさまざまなものが存在するが，セラミック，マイカ，プラスチックフィルムなどを用いたものは，一般的に小容量で耐圧が高いものが多い．これに対して，アルミ電解コンデンサやタンタルコンデンサには極性があり，小型で大きな容量を有する．主なコンデンサの特徴を以下に示す．

(1) セラミックコンデンサ

薄板状のセラミックの両側に電極をつけた構造で，小容量 (数 pF〜数 μF)，高耐圧で，周波数帯域も広い (〜GHz)．誤差は ± 数十％と大きいが，安価であり，フィルタ回路やバイパスコンデンサに用いられる．

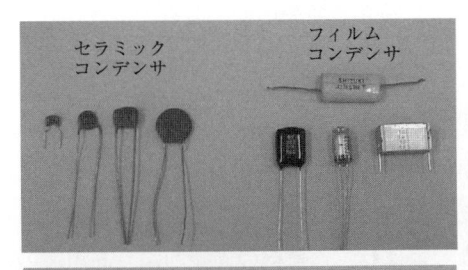

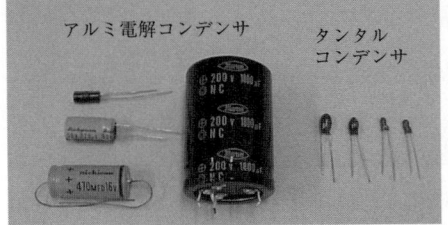

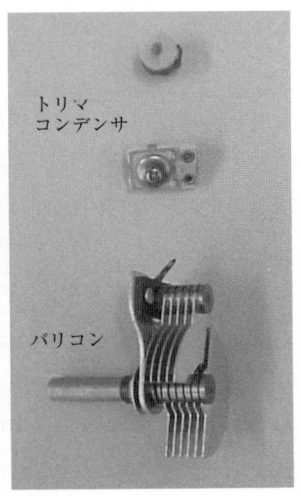

図 4.9 コンデンサの外観

(2) フィルムコンデンサ

ポリエステル，ポリカーボネート，ポリスチレンなどのプラスチックフィルムを誘電体として用いたものである．容量はセラミックコンデンサと同様であるが，温度特性がよい，漏れ電流が少ないなどの特長があり，オーディオ回路などで使用される．

(3) アルミ電解コンデンサ

2枚のアルミフィルムに電解液を含んだシートをはさみ，ロール状に丸めた構造をしている．陽極側のアルミフィルム上には薄い酸化膜があり，これが誘電体の役割を果たす．リード線には正負の極性があるので，注意が必要である．静電容量の式 (4.13) 中の d が小さいため (～サブ μm)，数 μF～数万 μF の大きな容量を得ることができる．周波数帯域が小さく (～数百 kHz) 漏れ電流が大きいが，安価であり，電源の平滑回路やフィルタなどに使用される．

(4) タンタルコンデンサ

アルミの代わりに，タンタルとその酸化膜を用いたコンデンサである．漏れ電流が少なく，周波数帯域は広い (～数十 MHz) ので，アルミ電解コンデンサに代わって使用されるようになっているが，多少高価である．

(5) トリマコンデンサ

金属板と絶縁フィルムを交互に積層し，電極の重なる面積，または間隔をねじで調整し，容量を変化 (数百 pF 程度) することが可能なコンデンサで，高周波回路の調整用として用いられる．誘電体に空気を用いる大型のものは，バリコン (variable condenser) の通称でよばれ，通信機の同調回路や高周波の整合回路に用いられる．

4.2.4 コンデンサの表記

コンデンサの容量は，図 4.10 のように，3桁の数字とアルファベット 1 文字で表されている場合が多い．読み方や誤差記号は，抵抗のカラーコード (表 4.1) に準じる．たとえば「104 M」と表記されている場合，容量は 10×10^4 pF $= 0.1\ \mu$F，誤差 $\pm 20\%$のコンデンサである．数百 pF 以下のコンデンサでは，

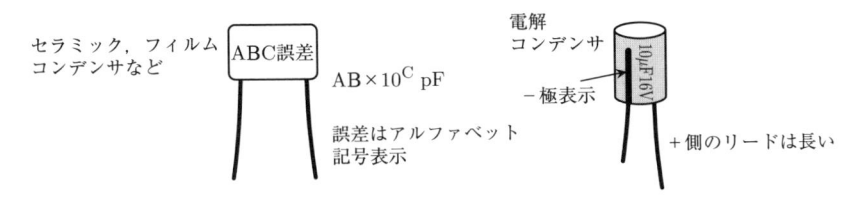

4.3 コイル

4.3.1 コイルの働き

インダクタンス (inductance) が L の**コイル** (coil, inductor) に図 4.11 のように電圧 E を加えると，流れる電流 I と電圧 E は以下の関係を満たす．

$$E = L\frac{di}{dt} \tag{4.18}$$

また，コイル交流電圧 $e(t) = E\cos(\omega t + \theta)$ を加えたときの電流は，

$$\begin{aligned}
i(t) &= \frac{1}{L}\int e(t)\,dt = \frac{1}{\omega L}\sin(\omega t + \theta) \\
&= \frac{1}{\omega L}\cos\left\{(\omega t + \theta) + \frac{\pi}{2}\right\}
\end{aligned} \tag{4.19}$$

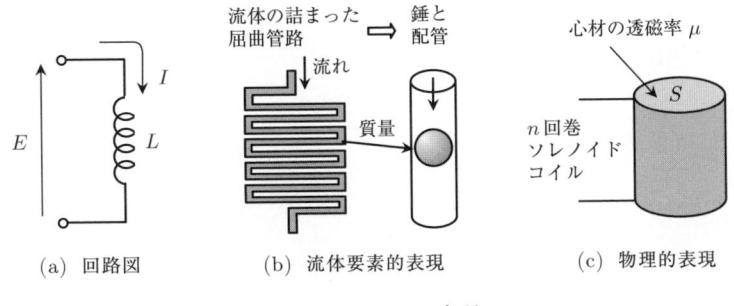

図 4.11 コイルの表現

となり，コンデンサとは逆にコイルの電流は電圧よりも 90°位相が遅れる．これを複素表示すると，

$$e(t) = j\omega L i(t) \tag{4.20}$$

となる．すなわち，リアクタンスは ωL となり，周波数が高くなるほど大きくなるため，交流を通しにくいという性質がある．これはコンデンサと正反対の性質であるため，コンデンサのリアクタンスを**容量性リアクタンス** (capacitive reactance)，コイルのリアクタンスを**誘導性リアクタンス** (inductive reactance) とよび，両者を区別する．

コイルを流体力学的に解釈すると，同図 (b) のように，屈曲管路に蓄積した流体による質量とみなすことができる．すなわち，管路に流体を流そうとして圧力 (電圧) を加えても，管路内質量の慣性により流体 (電流) がスムーズに流れはじめない，反対に，管路内を流れている流体を急に止めようとしても，慣性によりすぐには止まらない．この現象がインダクタンスに相当する．

インダクタンスの例として，**ソレノイドコイル** (solenoid coil) について示すと，同図 (c) のように単位あたり長さのコイル巻数 n，コイル断面積を S，コイル心材の透磁率 (permeability) を μ とすると，

$$L = \mu S n^2 \tag{4.21}$$

で表される．透磁率は，真空中の透磁率 $\mu_0 (= 1.257 \times 10^{-6}$ H/m$)$ を用いて表す場合があり，このときは

$$\mu = \mu_0 \mu_r \tag{4.22}$$

となる．ここで μ_r は，材料の比透磁率である．コイル心材には，μ_r の大きい鉄やフェライトなどが使用される．また，インダクタンスの単位としては，H(ヘンリー) が用いられる．

4.3.2 コイルの直並列接続

実際にはコイルの直並列接続の機会は非常に少ないが，n 本のコイルからなる直列合成インダクタンス L_s，および並列 L_p 合成インダクタンスは，抵抗の場合と同様にして，以下のように求められる．

4.4 受動素子による回路

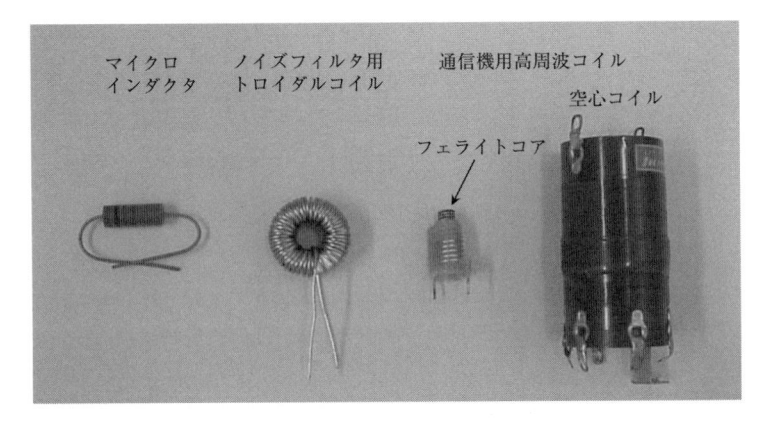

図 4.12 コイルの外観

$$L_\mathrm{s} = \sum_{k=1}^{n} L_k \tag{4.23}$$

$$\frac{1}{L_\mathrm{p}} = \sum_{k=1}^{n} \frac{1}{L_k} \tag{4.24}$$

4.3.3 実際のコイル

コイルは小型化が難しい部品であるため,実際の回路では必要最小限の使用に留められている.図 4.12 に各種コイルの実例を示す.

回路基板に用いられる場合は,巻線を抵抗のようにプラスチックモールドしたマイクロインダクタが用いられる.また,電磁ノイズ除去用としてリング状のフェライトコアに銅線を巻いたトロイダルコイル (toroidal coil) が用いられる.通信機などの高周波回路には,フェライトコアや空心の大型コイルが用いられる.

4.4 受動素子による回路

4.4.1 RC 回路

抵抗とコンデンサからなる回路は,フィルタとしての基本的な機能をもつ.図 4.13(a) の回路について,電圧 E に対するステップ応答 $V_\mathrm{a}(t)$ を求めると,

(a) 積分回路　(b) 微分回路

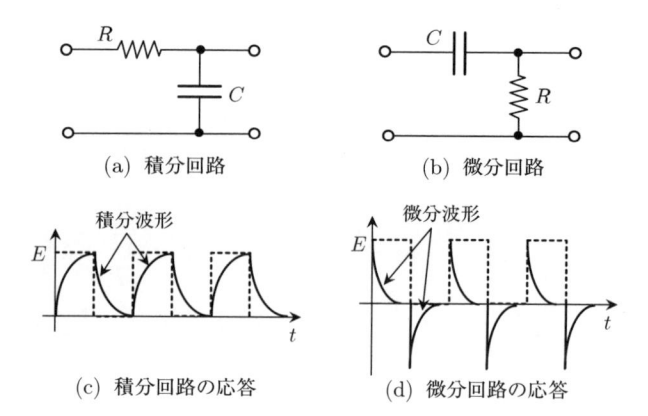

(c) 積分回路の応答　(d) 微分回路の応答

図 4.13 RC 回路

$$V_a(t) = E(1 - e^{-\frac{t}{\tau}}) \tag{4.25}$$
$$\tau = RC$$

が得られる (p.148). このとき τ は**時定数**とよばれ, 過渡応答の重要なパラメータである. 一方 (b) の回路では, 抵抗とコンデンサが逆に接続されているので, 出力 V_b は

$$V_b(t) = E - V_a(t) = Ee^{-\frac{t}{\tau}} \tag{4.26}$$

が得られる.

入力として方形波を加えると (c), (d) のような波形となり, 入力波形の積分, 微分になっている. このため, (a) は**積分回路**, (b) は**微分回路**とよばれる.

また, 入力周波数が変わったときの応答として, (a) は**ローパスフィルタ**, (b) は**ハイパスフィルタ**として働く. これは, (a) ではコンデンサにより高周波成分がアース (接地) されて出力に現れず, (b) ではコンデンサにより直流分が阻止され, 高周波成分のみ出力に伝えられることから理解できよう.

4.4.2　RL 回路

抵抗とコイルからなる回路も, RC 回路と同様にフィルタとしての機能をもつ. 図 4.14(a) の回路について, 電圧 E に対するステップ応答を求めると, 式 (4.25) と同じ形になる. ただし, 時定数 $\tau = L/R$ である. また (b) の回路も同様で, ステップ応答は式 (4.26) と同じである.

4.5 トランス

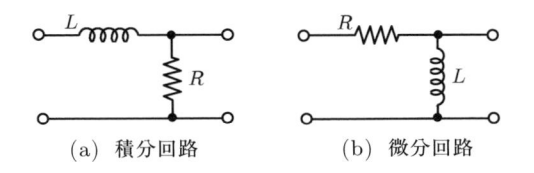

(a) 積分回路　　(b) 微分回路

図 4.14　RL 回路

すなわち (a) は積分回路, (b) は微分回路であり, コンデンサとコイルの位置がたがいに入れ替わっているだけである. このような関係を, 回路の**双対性** (duality) という.

4.4.3　LC 回路

LC 回路は, 図 4.15 のように, 電源部の平滑回路としてノイズや脈動成分を取り除くために用いられる. すなわち, 鉄心入りのチョークコイル (choke coil) で入力からの交流成分を遮断するとともに, 平滑コンデンサ (smoothing condenser) によっても交流成分を接地するという 2 重のフィルタとなっている.

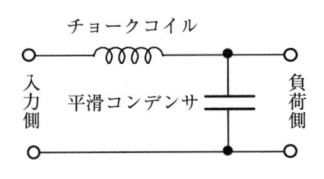

図 4.15　LC による平滑回路

4.5　トランス

4.5.1　トランスの機能

トランス (transformer; **変圧器**) は, 図 4.16 に示すように, 1 つの鉄心枠に 2 組のコイルを巻いた構造をしており, 電源を接続するコイルを **1 次コイル** (primary coil), 負荷を接続するコイルを **2 次コイル** (secondary coil) とよぶ. 1 次コイルに電源を接続すると, コイルは交流電圧により鉄心内に交流磁束を発生する. この磁束は 2 次コイルに**誘導起電力** (induced elecromotive force) と**誘導電流** (induced current) を発生し, 負荷を接続することができる.

誘導起電力 e の大きさは, コイル内の磁束 ϕ の時間微分に比例し, 次式の

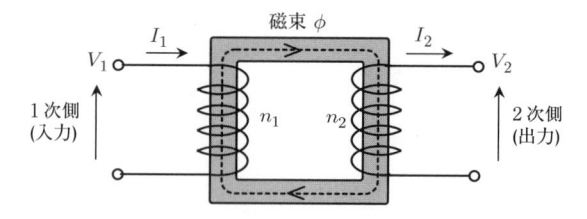

図 4.16 トランスの構造

ファラデーの法則 (Faraday's law) で表される.

$$e = -n\frac{d\phi}{dt} \tag{4.27}$$

ここで, n はコイルの巻き数である. また, マイナス符号は起電力が磁束の変化と逆方向, すなわち磁束の変化を妨げる向きに働くので (これを**レンツの法則** (Lenz's law) という), **逆起電力** (counterelectromotive force) ともよばれる.

(1) 電圧の変換

式 (4.27) を用いて図 4.16 の入出力関係を求めよう. 一次コイル起電力 e_1, 二次コイル起電力 e_2 とすると, それぞれ

$$e_1 = -n_1\frac{d\phi}{dt} \tag{4.28}$$

$$e_2 = -n_2\frac{d\phi}{dt} \tag{4.29}$$

の関係が成り立つ. ここで n_1, n_2 は, それぞれのコイルの巻き数である. 漏れ磁束がない理想的な状態であれば, $V_1 = -e_1$, $V_2 = -e_2$ であるので, 電圧の比は

$$V_2 = \frac{n_2}{n_1}V_1 \tag{4.30}$$

で表され, V_1 は n_2/n_1 倍になって出力側に現れる. このように, トランスではコイル巻き数比により電圧を調整可能であり, 電圧を低くしたり (降圧), 高くする (昇圧) ために用いられる.

一方, トランスを流れる電流の関係はどのようになるであろうか. 理想的なトランスでは入力と出力のパワーは等しいはずであるから, 入力側電流を I_1, 出力側を I_2 とすると,

$$V_1 I_1 = V_2 I_2 \tag{4.31}$$

4.5 トランス

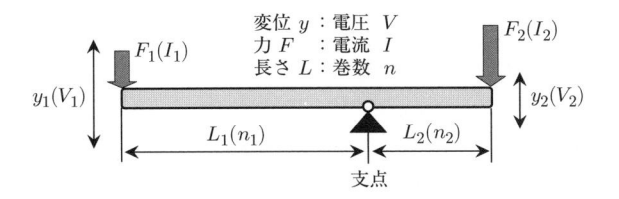

変位 y：電圧 V
力 F：電流 I
長さ L：巻数 n

図 4.17 トランスとてこの類似性

が成り立つ．これと式 (4.30) より，

$$I_2 = \frac{n_1}{n_2} I_1 \tag{4.32}$$

が得られ，電流は電圧の場合と逆に n_1/n_2 に比例することがわかる．

トランスの働きは図 4.17 に示すように，てこの働きに類似している．すなわち，てこの変位を電圧に，力を電流に，支点からの長さを巻き数に置き換えて考えると，両者は同様の働きをしている．

(2) インピーダンスの変換

図 4.18 のように，トランスの 2 次側に負荷 Z_2 をつないだとき，2 次側を流れる電流 I_2 と電圧 V_2 の関係は，

$$V_2 = I_2 Z_2 \tag{4.33}$$

である．このとき 1 次側からみたインピーダンス Z_1 は，式 (4.33) および式 (4.30)，(4.32) を用いて

$$Z_1 = \frac{V_1}{I_1} = \frac{\frac{n_1}{n_2} V_2}{\frac{n_2}{n_1} I_2} = \left(\frac{n_1}{n_2}\right)^2 \frac{V_2}{I_2} = \left(\frac{n_1}{n_2}\right)^2 Z_2 \tag{4.34}$$

と表すことができる．これより，1 次側からみた 2 次側インピーダンスは，$(n_1/n_2)^2$ 倍になるため，トランスはインピーダンスの変換素子としても使用可

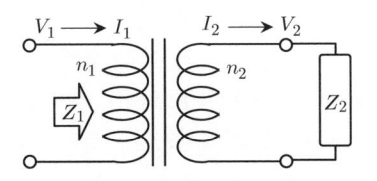

図 4.18 トランスによるインピーダンス変換

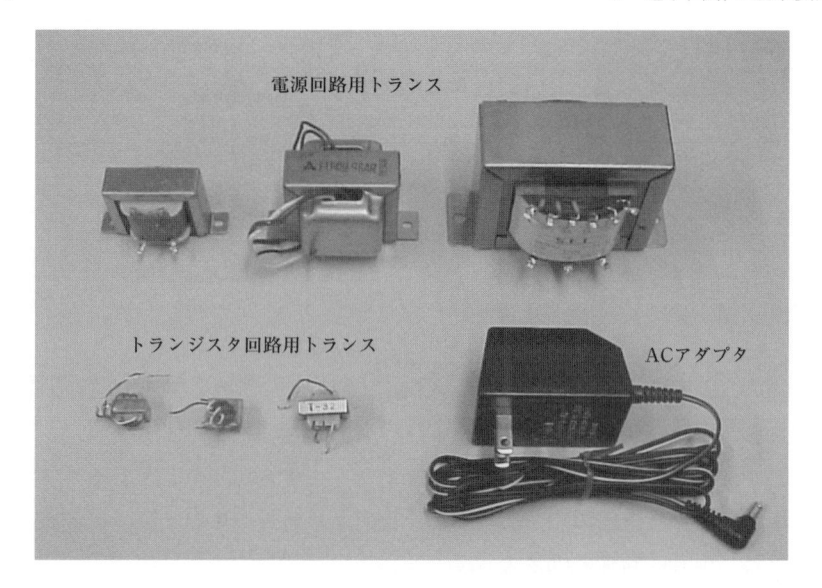

図 4.19 各種トランスの外観

能である．

4.5.2 実際のトランス

図 4.19 にトランスの例を示す．トランスは電源回路の主要部品として用いられ，電源電圧を回路用に降圧する目的で用いられる場合が多い．また，小型のものはトランジスタ回路などで，インピーダンス変換や発振回路を構成するときに使われている．最近ではトランスが樹脂でモールドされ，整流回路や電圧調整回路を内蔵した AC アダプタとして用いられる機会も増えている．また，電源の重量低減と小型化のため，トランス自身を使用しないスイッチング電源の登場により，活躍の場が少なくなってきている．

4.6 リレー

リレー (relay；**継電器**) は，電磁石の働きにより接点をオン・オフする回路要素である．駆動する電源と接点側の電源とは完全に独立であるため，回路の絶縁を要する場合や，小さな駆動電流で高圧大電流をスイッチングする目的に使

4.6 リレー

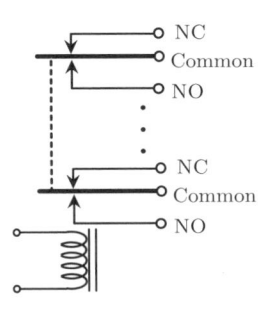

図 4.20 リレーの回路図

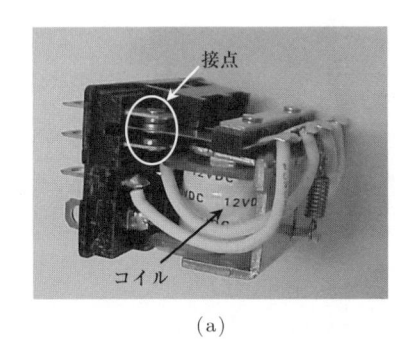

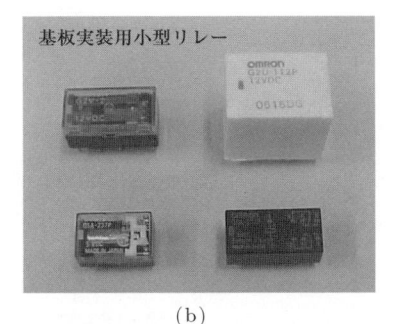

図 4.21 リレーの内部 (a) と外観 (b)

用される．

　接点構成はマイクロスイッチ (p.26) と同様であり，図 4.20 に示すように，共通 (common)，常時開 (NO : normally open, make)，常時閉 (NC : normally close, brake) 接点により構成され，共通接点が電磁石により動く構造となっている (図 4.21(a))．数回路の接点を同時に切り替えることができる接点構成のものがある．

　プリント基板上に実装可能なように，リード線が IC ピッチの小型のものから (図 4.21(b))，比較的大きな電流を流せるものまで，さまざまな接点容量のものが存在する．駆動電源としては，直流の低電圧 (5, 12, 24 V など) が用いられる．またモータ駆動用に電流制限機能のついた大型のものは，**電磁開閉器** (magnetic contactor) とよばれている．

　リレーの欠点として，機械接点であるため動作が遅く (数 ms)，寿命があるこ

演習問題 4

4.1 下図の回路において，端子間の合成抵抗を求めよ．

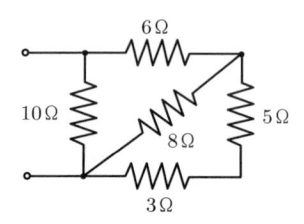

4.2 下図の回路において，端子間の合成容量を求めよ．

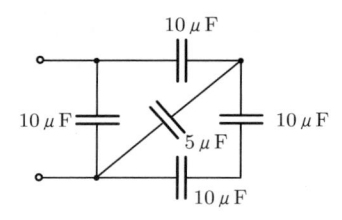

4.3 以下のカラーコードで表される抵抗値を示せ．
(a) 赤赤赤金
(b) 黄紫橙銀
(c) 赤黒黒赤茶

4.4 以下の容量のコンデンサは，どのような表記がなされるかを示せ．
(a) 0.01 μF±10%
(b) 0.0047 μF±5%

4.5 実際のトランスには各種の損失が生じるが，どのようなものが考えられるかを記せ．

5 半導体回路要素

　本章では，ダイオードやトランジスタなど，メカトロニクス機器に欠かせない半導体デバイスについて理解を進める．半導体デバイスは，初期にはゲルマニウムを材料として開発されていたが，現在ではほとんどがシリコンを素材としている．また，光関係のデバイスではガリウム，ヒ素などの化合物を用いる．これらの電子デバイスは，現在では大規模集積回路——LSI (large scale integrated circuit)——として発展を極め，原料の生成から，デバイス設計，生産設備を含む一大産業分野を形成するに至っている．われわれの学習目標であるメカトロニクス機器自身も，半導体デバイス生産分野の生産装置として使用される機会が非常に多い．本章では，半導体素子の原理，主なデバイスの働きについて学習しよう．

5.1 半 導 体

　電気をよく通す**導体** (conductor) と電気をまったく通さない**絶縁体** (insulator) の中間の性質をもつ物質が，**半導体** (semiconductor) である．電子デバイス用材料としては，古くはゲルマニウムが用いられたが，最近では光半導体用にガリウム・ヒ素化合物が使用されるほかは，大部分にシリコンが使われている．

5.1.1 p型半導体とn型半導体

　半導体は，材料を精製した状態では電気を通しにくい**真性半導体** (intrinsic semiconductor) であるが，**不純物** (impurity) を添加することにより**不純物半導体** (impurity semiconductor) となり，導電性を増すことができる．

　不純物半導体にはp型，n型の2種類があり，それぞれⅢ族，Ⅴ族の元素をシ

共有電子対 → (図)
不対電子 →
正孔（ホール） →
自由電子 →

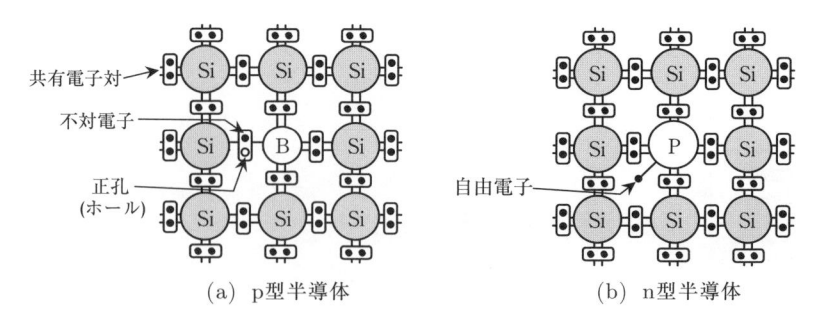

(a) p型半導体　　　(b) n型半導体

図 5.1 不純物半導体の構造

リコンに添加することにより得られる．図 5.1 に示すように，IV族元素であるシリコン結晶では，隣り合う原子と 2 個の電子を共有し (これを**共有電子対**とよぶ)，共有結合による結晶構造を形成している．このような結晶にホウ素などのIII族の原子が入り込むと，荷電子が 1 つ足りないため**不対電子** (unpaired electron) となり，電子の不在場所には正の電荷があるようにみえる．これを**ホール** (hole；正孔) といい，不純物添加によりホールが多く含まれる半導体を **p 型半導体**とよぶ．一方，リンなどのV族の原子が入り込むと，電子が 1 つあまり，この電子は結晶格子中を自由に動き回ることができる．これを**自由電子** (free electron) といい，このような半導体を **n 型半導体**とよぶ．また，ホール，自由電子の双方とも電荷の移動の担体であるため，これらを総称して**キャリア** (carrier) とよぶ．

5.1.2　pn 接合

p 型半導体と n 型半導体を接合した界面を **pn 接合** (pn junction) とよぶ．ここに直流電圧をかけた場合の挙動について考えよう．図 5.2 のように，p 型に

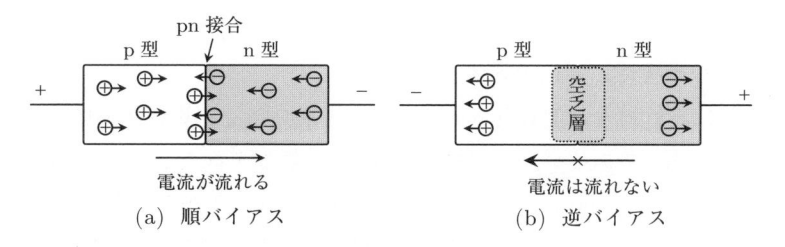

(a) 順バイアス　　　(b) 逆バイアス

図 5.2　pn 接合とバイアス

+極，n型に−極を接続すると，ホールは−極に，電子は+極に引かれるため，接合面を越えて電荷の移動が起こり，結果として電流が流れる．これと反対に，p型に−極，n型に+極を接続すると，ホールと電子は接合面と反対側に引かれるため，接合面付近ではキャリアの不足が起こり電流は流れない．この部分を**空乏層** (depletion layer) とよぶ．また，電流が流れる電圧の印加方向を**順バイアス**，流れない方向を**逆バイアス** という．このように pn 接合は，一方向にしか電流を流さない特性をもつ．これを**整流** (rectification) 作用といい，流体要素の弁のような働きをすることがわかる．

5.2 ダイオード

pn 接合を電子デバイスとして利用したのが，**ダイオード** (diode) である．p型半導体側を**アノード** (anode；陽極)，n 型半導体側を**カソード** (cathod；陰極) とよび，図 5.3 に示すように，カソード側を示す帯状のマーキングが施されている．一般的なシリコンダイオードの電圧–電流特性を図 5.4 に示す．順バイアス電圧をかけると，V_{th} を越えた付近から電流が流れはじめる．この電圧 V_{th} は，**しきい値電圧** (threshold voltage) とよばれ，半導体の材質に依存し，シリコンでは 0.7 V，ゲルマニウムでは 0.3 V 程度である．ダイオードは主として**整流器** (rectifier) として用いられるもののほか，電圧基準として用いられる**ツェナーダイオード**，表示素子として用いられる**発光ダイオード**などがある．

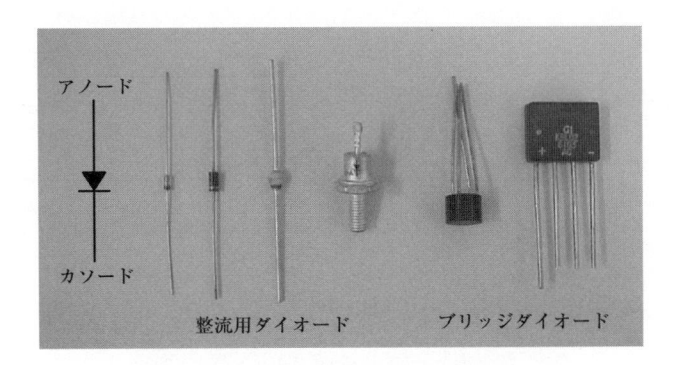

図 5.3 ダイオードの回路記号と外観

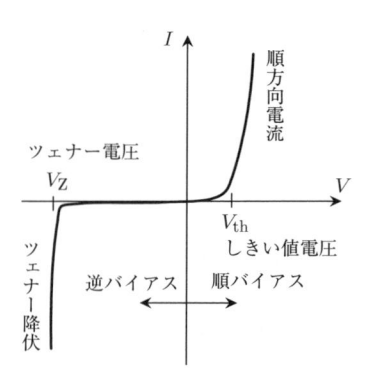

図 5.4 シリコンダイオードの電圧–電流特性

5.2.1 整 流 回 路

ダイオードの整流作用を用いて，交流から直流を得るのが**整流回路** (rectification circuit) である．図 5.5 に代表的な整流回路を示す．ダイオード 1 本を用いたものは**半波整流回路** (half-wave rectifier)，2 本用いたものは**全波整流回路** (full-wave rectifier)，4 本用いたものは**ダイオードブリッジ型整流回路** (diode-bridge full-wave rectifier) とよばれる．整流回路は，コンデンサやチョークコイルなどとともに構成され，電源の脈動分を除去して用いるのが一般的である．

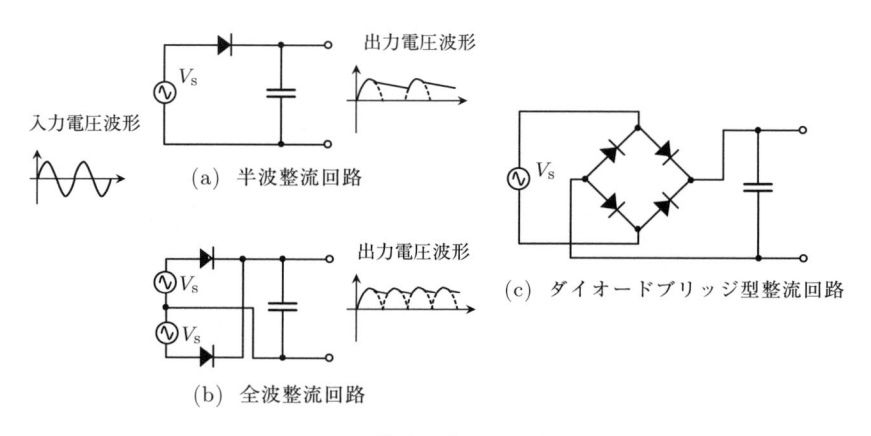

図 5.5 整流回路と出力波形

5.2.2 ツェナーダイオード

ダイオードに逆バイアス電圧をかけると，図 5.4 のようにある電圧までは電流を流さないが，これを越えると急激に電流を流すようになる．この現象を**ツェナー降伏** (Zener breakdown) といい，電圧 V_Z を**降伏電圧** (breakdwon voltage) とよぶ．ツェナー電圧は広い電流範囲でほぼ一定であるため，電圧の基準として用いることができる．これは**ツェナーダイオード** (Zener diode) として用いられ，通常のダイオードと異なり，図 5.6 のように逆バイアスで用いられる．

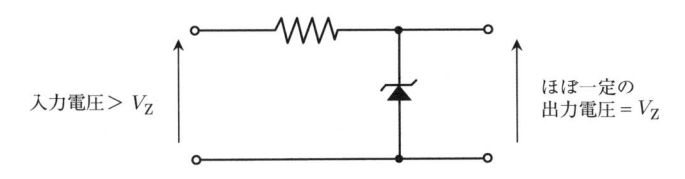

図 5.6 ツェナーダイオードを用いた定電圧回路

5.2.3 発光ダイオード

発光ダイオードは，**LED**(light emitting diode) の略称でよばれる発光素子である．特殊な pn 接合に電界を印加すると，ホールと電子が再結合するときのエネルギー差が光となって放出される．これを**エレクトロルミネセンス** (electro-luminescence) 現象という．青，緑，黄，赤，赤外，紫外などの波長で発光するものが開発されており，それぞれ異なる化合物半導体 (GaP，InGaN など) が用いられる．

順電圧降下 V_{th} が 2V 程度と通常のダイオードよりも多少高く，10mA 程度の電流を流して駆動する．このため図 5.7 の回路で示す抵抗値 R は，以下の式

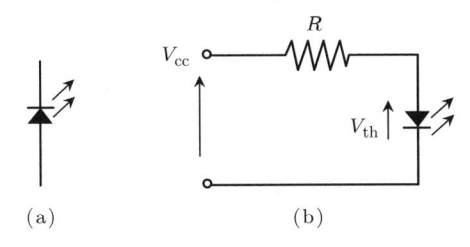

図 5.7 発光ダイオードの回路記号 (a) と駆動回路 (b)

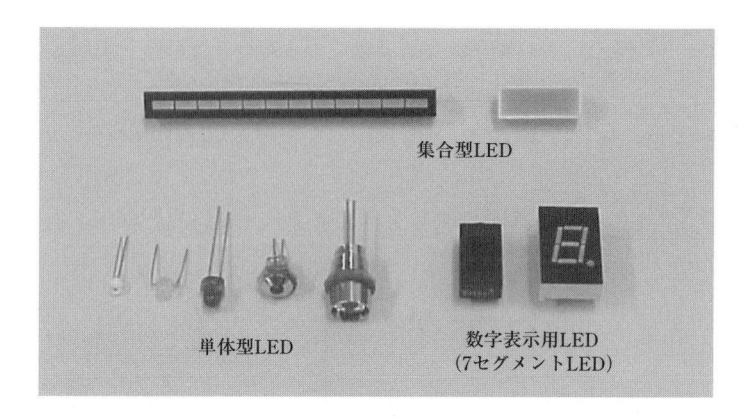

図 5.8 さまざまな発光ダイオードの外観

で求める．

$$R(\Omega) = \frac{V_{\rm cc} - V_{\rm th}({\rm V})}{10({\rm mA})} \times 1000 \tag{5.1}$$

発光ダイオードはプラスチックモールドで外形を自由に形成できるため，図 5.8 に示すように，単独のものから文字やバー型に集積されたものまで，さまざまの形状のものがある．低電力・長寿命の表示素子として，今日では家電製品から交通信号機まで，あらゆる場所に広く使用されている．

5.2.4 フォトダイオード

フォトダイオード (photo diode) は，LED と逆の原理を用いた受光素子である．図 5.9 のように，逆バイアスされた pn 接合に光をあてると，光のエネルギー ($h\nu$[1]) により電子とホールを生じ，光の強度に比例した電流が流れる．これを抵抗や増幅回路で検出することにより，光の強度を知ることができる．

なお同様の原理を用いたものに，**フォトトランジスタ** (photo transistor) があり，光センサとして用いられる．これは光電流の増幅作用を有するため，フォトダイオードよりも大きな出力電流が得られるが，応答速度はフォトダイオードよりも遅い．

---

1) h はプランク定数，ν は光の振動数．

5.3 トランジスタ

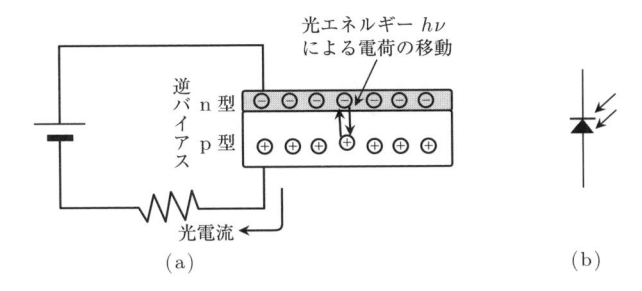

図 5.9 フォトダイオードの原理 (a) と記号 (b)

5.3 トランジスタ

トランジスタ (transistor) は，小電流の入力により出力電流を制御する素子である．図 5.10 に示すように，pnp 型と npn 型の 2 種類があり，3 本の電極が出ている．それぞれの電極は，**エミッタ** (emitter)，**ベース** (base)，**コレクタ** (collector) とよばれ，E, B, C と略記される．回路記号は，エミッタの矢印の向き (電子の流れる方向) により pnp 型と npn 型の違いを表しており，丸枠はしばしば省略される．図 5.11 に信号処理用小電力トランジスタ，大電流駆動用パワートランジスタなど各種トランジスタの外観を示す．

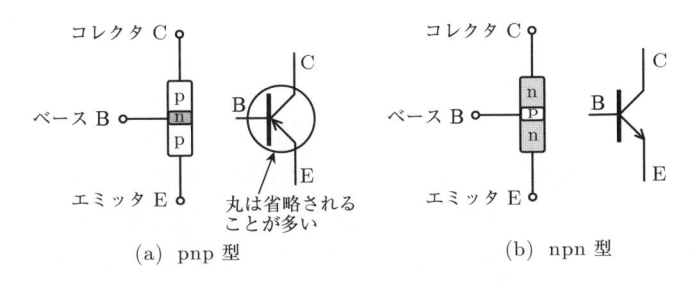

図 5.10 トランジスタの構造と回路記号

5.3.1 直流増幅作用

トランジスタの基本的な駆動原理について，図 5.12 に示す npn 型の場合で考えてみよう．コレクタとエミッタの間にはコレクタ抵抗 R_c を介してコレクタ電圧 V_c が，ベースとエミッタの間にはベース抵抗 R_b を介してベース電圧

図 5.11 トランジスタの外観

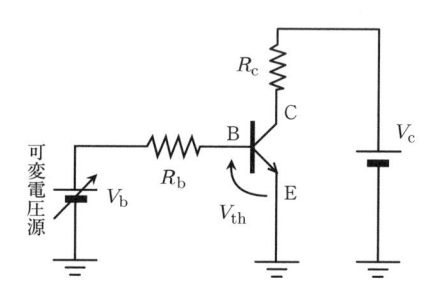

図 5.12 npn 型トランジスタの駆動原理

V_b が，それぞれ印加されている．

ベース–エミッタ間はダイオードの順バイアス接続そのものであり，図 5.4 のダイオードの特性で示したように，$V_\mathrm{b} < V_\mathrm{th}$ ではベース電流は流れない．また，ベース–コレクタ間は逆バイアスとなっており，やはり電流は流れない．$V_\mathrm{b} \geqq V_\mathrm{th}$ になってはじめて，ベース–エミッタ間に電流が流れる．このときキャリアとして電子の流れで考えると，エミッタからベースに向かって電子は走行する．ところがトランジスタのベースは数 μm という薄い構造であるため，大部分の電子はベースでホールと結合できずに突き抜けてしまい，コレクタに到達する．ここで p 型半導体中のホールと結合し，結果としてコレクタ–エミッタ間にも電流が流れる．コレクタ電流 i_c は，ベース電流 i_b よりも数十から数百倍大きく，

$$i_\mathrm{c} = h_\mathrm{fe} i_\mathrm{b} \tag{5.2}$$

の関係が成り立つ．これをトランジスタの**直流増幅作用**といい，h_fe はエミッタ接地直流電流増幅率とよばれる．

5.3 トランジスタ

練習問題 5.1

pnp 型トランジスタについて，npn 型と同様に駆動原理を示せ．

5.3.2 トランジスタのダーリントン接続

メカトロニクス関連で使用されるトランジスタは，スイッチング素子として使われることが多いため，コレクタ定格が大きく大電流を流せる素子が望ましい．ところが大電流を流すことのできるトランジスタの h_fe は一般に小さく，小さなベース電流で制御することができない．これを解決するために用いられるのが，図 5.13 に示すようなトランジスタを 2 段直列にした**ダーリントン (Darlington) 接続**である．ダーリントン接続されたトランジスタを 1 つのトランジスタとみなしたとき，その電流増幅率 h_fe は，1 段目，2 段目の増幅率をそれぞれ $h_{\mathrm{fe}1}, h_{\mathrm{fe}2} (\gg 1)$ とすると，

$$h_\mathrm{fe} = h_{\mathrm{fe}1} h_{\mathrm{fe}2} \tag{5.3}$$

となり，小さなベース電流で大きな出力電流をオン・オフすることが可能である．

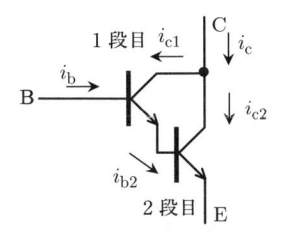

図 5.13 トランジスタのダーリントン接続

例題 5.1

式 (5.3) を証明せよ．

解答 1 段目のコレクタ電流 i_{c1} は，ベース電流を i_b とすると，$i_{c1} = h_{\mathrm{fe}1} i_b$ となり，2 段目のベースには，$i_b + h_{\mathrm{fe}1} i_b = (1 + h_{\mathrm{fe}1}) i_b$ が流れる．2 段目のコレクタ電流 i_{c2} はこの $h_{\mathrm{fe}2}$ 倍であるから，$i_{c2} = h_{\mathrm{fe}2}(1 + h_{\mathrm{fe}1}) i_b$ である．全体のコレクタ電流 i_c は，1 段目と 2 段目のコレクタ電流の和となるから，

$$i_{\mathrm{c}} = i_{\mathrm{c}1} + i_{\mathrm{c}2} = h_{\mathrm{fe}1}i_{\mathrm{b}} + h_{\mathrm{fe}2}(1 + h_{\mathrm{fe}1})i_{\mathrm{b}}$$
$$= (h_{\mathrm{fe}1} + h_{\mathrm{fe}2} + h_{\mathrm{fe}1}h_{\mathrm{fe}2})i_{\mathrm{b}} \fallingdotseq h_{\mathrm{fe}1}h_{\mathrm{fe}2}i_{\mathrm{b}}$$

が得られる．

5.4 電界効果トランジスタ

トランジスタが電流制御型の素子であるのに対して，**電界効果トランジスタ**（**FET**：field effect transistor）は，入力電圧により出力電流を制御する素子である．素子の構成により，**接合型 FET** と **MOS** (metal-oxide semiconductor) 型 **FET** がある．図 5.14 に示すように，ソース (source)，ドレイン (drain)，ゲート (gate) の 3 つの電極からなり，キャリアの通路 (channel；チャネル) が np どちらの半導体で構成されるかにより，**n チャネル**，**p チャネル**の区別がある．また，MOS 型 FET ではゲート部分が金属と絶縁膜により構成され，集積回路などで用いられている．

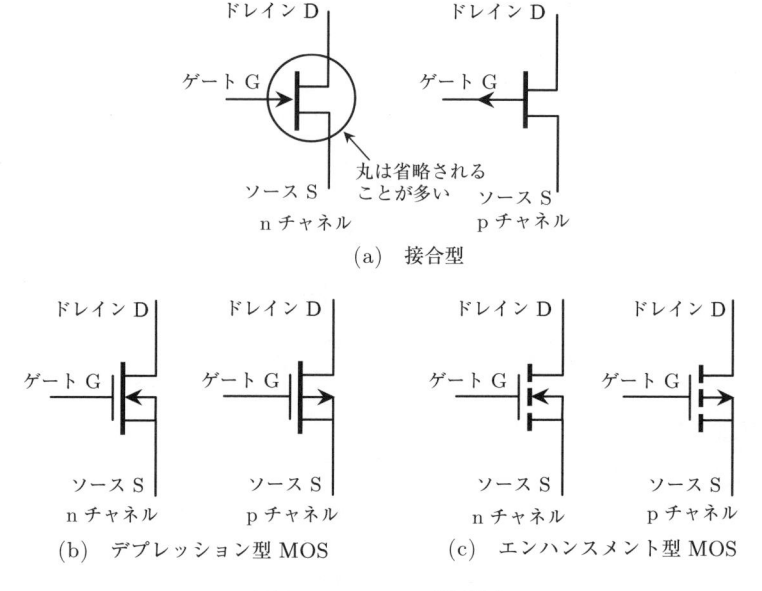

図 5.14 FET の回路記号

5.4 電界効果トランジスタ

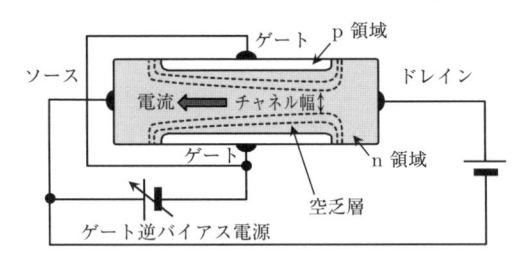

図 5.15 n チャネル接合型 FET の動作原理

（1） FET の動作原理

FET の動作原理を図 5.15 で説明しよう．この例では素子は棒状の n 型半導体の上下に p 型のゲートを接合した構造である．n 型半導体の両側には，ソース，ドレインの各電極が設けられており，電源を接続すると単純な n 型半導体の棒として働き，ドレインからソースに向かって電流が流れる．電流の通路をチャネルといい，この FET では n 型半導体で構成されるので，**n チャネル接合型 FET** とよばれる．ここで，ゲートとドレイン間に電源を逆バイアスになるように接続すると，p 領域周辺に空乏層が広がり，逆バイアス電圧を大きくするほど空乏層の領域は大きくなる．このとき，チャネルの幅が狭まるため，チャネル電流は流れにくくなる．このようにして，ゲートの電圧を制御することにより，チャネル電流を制御するのが FET であり，流体のバルブとよく似た動作をすることがわかる．また FET では，ゲートが逆バイアスされているので電流がほとんど流れず (入力インピーダンスが高い)，電圧のみで駆動できるため周波数特性に優れている．

このような FET の入出力関係は，ゲート入力電圧を V_g，ドレイン電流を I_d とすると，

$$g_m = \frac{\partial I_d}{\partial V_g} \tag{5.4}$$

で表される．g_m は**相互コンダクタンス**とよばれ，トランジスタの h_{fe} に相当する指標で，これが大きいほど増幅率の高い FET である．

MOS 型 FET には，**エンハンスメント** (enhancement) **型**と，**デプレッション** (depletion) **型**の 2 つのタイプがある．前者はゲートに電圧を印加し，チャネルを形成して電流を流す構造であるのに対し，後者は不純物添加によりチャネルをあらかじめ形成し，ゲート電圧を正負にわたって変化させ，電流を制御する．

5.5 その他の半導体電力制御素子

メカトロニクスでは，モータなど大きな電流が流れる回路をあつかう場合が多く，従来型のトランジスタや FET に代わり，電力制御に開発された専用の素子を用いる場合がある．ここではこのような半導体電力制御素子について，いくつかの例を紹介する．

5.5.1 サイリスタ

サイリスタ (thyristor) は，シリコン制御整流器 (**SCR**：silicon controlled rectifier) ともよばれる電力制御素子である．図 5.16(a) に示すように pnpn 型の構造をしており，アノード，カソードに加えて，ゲートとよばれる端子が出ている．アノード-カソード間に電源を接続しても通常は電流が流れず，ゲートにパルス状の信号を加えることにより，電流が流れる．この原理は同図 (b) のように，pnp 型と npn 型のトランジスタが接続された回路で考えるとわかりやすい．はじめに，ゲートに信号が加わらない状態 (Tr1 のベース電流が 0) では，Tr1 のコレクタに電流が流れないため，Tr2 のベースにも電流が流れず，Tr1，Tr2 ともオフのままである．次にゲートにパルスを加えると (trigger；**トリガ**)，Tr1 がオンになるため Tr2 にベース電流が流れる．これにより Tr2 のコレクタもオンになるので，サイリスタの A–K 間に電流が流れる (fired state；**点弧**)．

この際，Tr2 のコレクタから Tr1 のベースに向かっても電流が流れるため，ゲート入力がオフとなってもサイリスタには電流が流れつづける．これを**自己保持作用**といい，いったんトリガされたサイリスタは，外部回路で電流を切るか，素子に逆バイアスをかけないかぎり，電流を流しつづける性質がある．

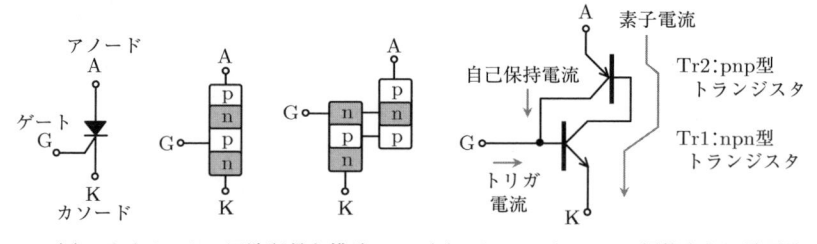

(a) サイリスタの回路記号と構造　　(b) トランジスタへの置換えと回路電流

図 5.16 サイリスタの構造と動作原理

5.5　その他の半導体電力制御素子

（1）　サイリスタによる位相制御

サイリスタを用いた電力制御法として，図 5.17 に示す**位相制御** (phase control) がある．これは，サイリスタに交流電源と負荷を接続し，サイリスタをオンにするタイミング，すなわち電源オンの位相を制御する．交流が印加された場合，順バイアスになる電源の**位相角** (0〜$180°$) の範囲で素子をトリガすると，これ以降負荷には電流が流れる．位相が 180〜$360°$ の範囲では，素子は逆バイアスとなるためサイリスタは自然にオフとなり，負荷に電流は流れない (**消弧**)．このようにサイリスタを用いると半波整流回路に似た出力が得られるが，通電の開始タイミングを後方にずらすことにより，時間積分平均値としての電力を制御することができる．

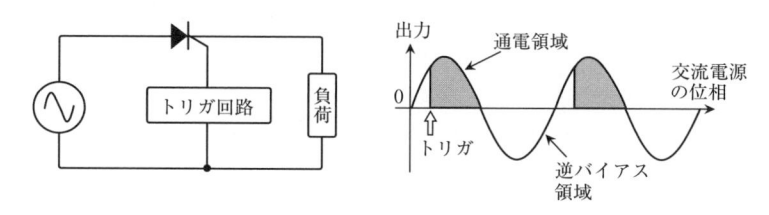

図 5.17　サイリスタによる電源の位相制御

5.5.2　トライアック

サイリスタは一方向にしか電流を流せないため，交流電源の半周期しか使えず，非効率的である．そこで，図 5.18 に示すように，サイリスタを 2 個逆向きに組み合わせ，電源の極性が反転しても位相制御が可能なようにしたのが**トライアック** (triac) で，**双方向サイリスタ**ともよばれる．

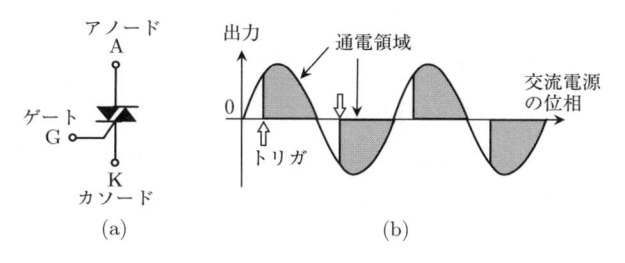

図 5.18　トライアックの回路記号 (a) と位相制御の様子 (b)

5.5.3 GTO サイリスタ

サイリスタは逆バイアスにならないかぎり電流を流しつづけるが，逆向きのパルスをゲートに加えることにより電流を切る (**自己消弧**) 機能を付加したものが，**GTO** (gate turn off) **サイリスタ**である．この素子では図 5.19 のように，負のパルス入力をゲートに加えることによりサイリスタに流れる電流をゲートから吸い出し，アノード–カソードのキャリアを欠乏させ，電流を強制的にオフしている．点弧は通常のサイリスタと同様であるので，この素子ではトリガパルスの正負により，点弧，消弧の両側の位相を制御することができる．

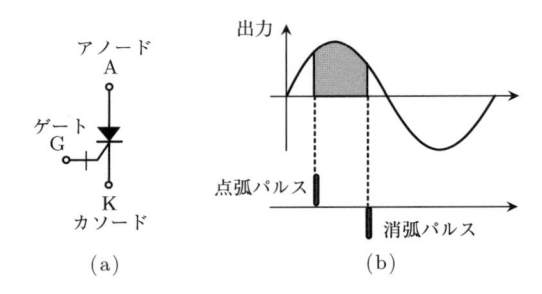

図 5.19 GTO サイリスタの回路記号 (a) と位相制御の様子 (b)

5.6 オペアンプ

演算増幅器 (operational amplifier) は，オペアンプの略称でよばれるアナログ回路要素で，トランジスタの集積回路 (**IC**：integrated circuit) により構成されている．名前が示すとおり入力間の演算をすることが可能な素子であり，増幅器やフィルタとしても活用することができる．本節ではオペアンプの基本について学習を進める．

5.6.1 オペアンプの基本機能

図 5.20 にオペアンプの基本構成を示す．正負 2 つの入力端子，出力端子，および正負の電源端子から構成される．入力端子間は入力インピーダンス Z_i で結ばれており，出力端子は出力インピーダンス Z_o を通じて，増幅率 a の電源に接続されている．正側の入力電圧を V_p，負側の入力電圧を V_n とすると，出力電圧 V_o は，

5.6 オペアンプ

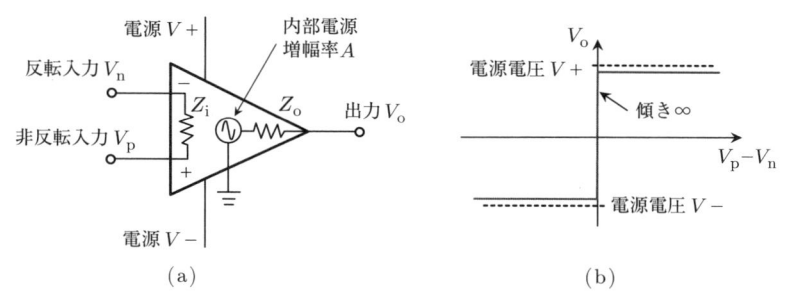

図 5.20 オペアンプの内部構造 (a) と入出力特性 (b)

$$V_o = A(V_p - V_n) \tag{5.5}$$

の関係で表される．通常，A は非常に大きな値 (数万以上) であるため，式 (5.5) は傾きの非常に大きな直線となってしまい，図 5.20(b) に示したように，入力に対して正負の電源電圧近くまで振り切る飽和特性を示す．このままでは式 (5.5) により 2 入力電圧の大小の比較を行うコンパレータ (comparator) として用いることは可能であるが，アンプとしての特性にはなじまない．そこで通常，外部に抵抗などを接続し，フィードバック系を構成してゲインを調整する．

5.6.2 反転増幅回路

図 5.21 に示す**反転増幅器** (inverting amplifier) は，オペアンプの使用法として最も基本的なものである．入出力関係を求めるにあたり以下の仮定を用いるが，これらは実際のオペアンプでもほぼ満たされる条件である．

1. オペアンプの 2 つの入力端子間の電圧は 0 ($V_p \fallingdotseq V_n$) とみなす (imaginal short；仮想短絡)．
2. オペアンプ入力インピーダンス Z_i は非常に大きく，端子には電流 i_{in} は流れず 0 とみなす．
3. 出力インピーダンス Z_g は 0 とみなし，内部電源はゲイン A に比例する理想的なものとする．

仮定 1 より，オペアンプの入力端子電圧は $V_n = 0$ となり，抵抗 R_1 に流れる電流 i は，

$$i = \frac{V_i}{R_1} \tag{5.6}$$

(a)

(b)

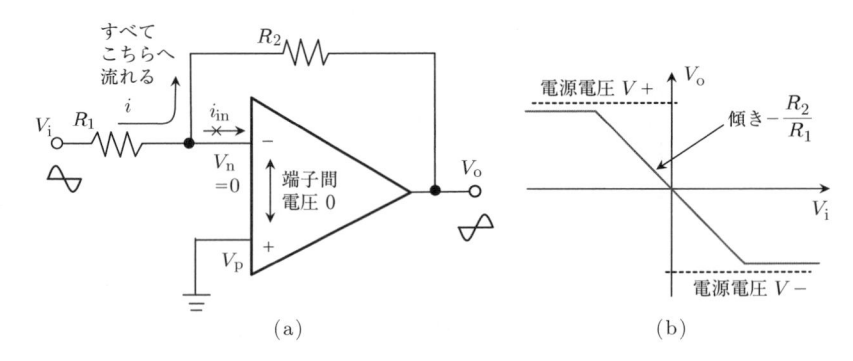

図 5.21 反転増幅器の回路構成

である．次に仮定 2 より，すべての i は R_2 を流れなければならない．これより

$$V_\mathrm{o} = -R_2 i = -R_2 \frac{V_\mathrm{i}}{R_1} = -\frac{R_2}{R_1} V_\mathrm{i} \tag{5.7}$$

となる．式 (5.7) と式 (5.5) を比較すると，図 5.21 (b) のように，ゲイン $A = -R_2/R_1$ の増幅器が構成されていることがわかる．負号により入出力の極性が反転するので，反転増幅器とよばれる．

このような回路では，出力 V_o が抵抗 R_2 により入力側にフィードバックされているため，R_2 のことを**フィードバック抵抗**とよぶ．

(1) オペアンプの周波数特性

オペアンプの周波数特性については，カタログに開ループ特性が示されている．これは図 5.22 のように，縦軸にゲインをデシベル表示 ($20 \log_{10} |A|$) で横軸を周波数の対数表示にした，**ボード線図** (Bode diagram) として表される

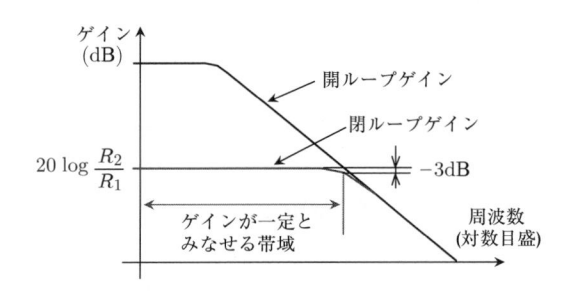

図 5.22 オペアンプの周波数特性

5.6 オペアンプ

(p.156). 開ループの状態では極めて高いゲインが得られるが，周波数とともにゲインは小さくなる．これに対して，反転増幅器のようにフィードバックにより閉ループを構成しゲインを小さく設定すると，幅広い周波数帯域で一定のゲインが実現できる．

5.6.3 非反転増幅回路

図 5.23 の回路は，**非反転増幅器** (noninverting amplifier) である．このときの入出力関係は，

$$V_o = \frac{R_1 + R_2}{R_1} V_i = \left(1 + \frac{R_2}{R_1}\right) V_i \tag{5.8}$$

で表される．

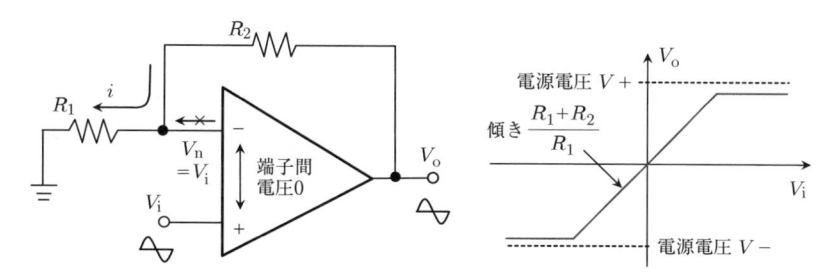

図 5.23 非反転増幅器の回路構成

例題 5.2

反転増幅器と同様の仮定を用いて，式 (5.8) を証明せよ．

解答 仮想短絡により $V_n = V_i$ であり，抵抗 R_1 に流れる電流 i は

$$i = \frac{V_i}{R_1} \tag{5.9}$$

である．また，この電流はすべて R_2 を流れるから，

$$i = \frac{V_o - V_i}{R_2} \tag{5.10}$$

が成り立たなければならない．上記 2 式より i を消去すれば，式 (5.8) が得られる．

5.6.4 ボルテージフォロワ

図 5.24 のように，非反転増幅回路で $R_1 = \infty$, $R_2 = 0$ としたものは，**ボルテージフォロワ** (voltage follower) とよばれる．条件を式 (5.8) に代入すれば，

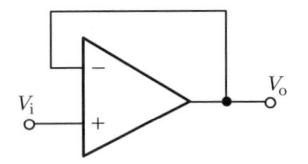

図 5.24 ボルテージフォロワの構成

$V_\mathrm{o} = V_\mathrm{i}$ の関係が得られる．ゲインが 1 のため，一見無意味な回路にみえるが，オペアンプの入力インピーダンスが非常に大きいため，入力側の微小信号源に与える影響が小さい特長がある．また，出力インピーダンスが小さいため，負荷の駆動能力も大きい．そこで，**緩衝増幅器** (buffer amplifier) として，微小信号の初段増幅部などに用いられる．

5.6.5 加算回路

図 5.25 に示すように，2 つの入力 V_1, V_2 がそれぞれ R_1, R_2 を通じて反転増幅回路に入力される場合を考えてみよう．それぞれの抵抗を流れる電流 $i_1 = V_1/R_1$, $i_2 = V_2/R_2$ は，すべてフィードバック抵抗 R_f を流れるから，

$$V_\mathrm{o} = -R_\mathrm{f}(i_1 + i_2) = -\left(\frac{R_\mathrm{f}}{R_1}V_1 + \frac{R_\mathrm{f}}{R_2}V_2\right) \tag{5.11}$$

となる．ここですべての抵抗値が R である場合，上式は

$$V_\mathrm{o} = -(V_1 + V_2) \tag{5.12}$$

となり，2 つの入力和の反転信号が得られる．これは**加算回路** (summing amplifier) とよばれる．

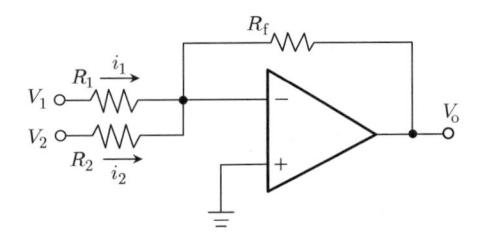

図 5.25 加算回路

5.6.6 減算回路

オペアンプでは，**減算回路** (differential amplifier) を構成することも可能である．図 5.26 にその回路図を示す．入出力関係を求めるにあたって，**重ね合わせの原理** (principle of superposition) を用いる．これは，「複数個の電源に対する電流，電圧の分布は，1 つの電源のみ残して他のすべての電源を 0 にして得られた状態を重ね合わせて得られる」という定理である．

はじめに $V_2 = 0$ とすると，オペアンプの+入力 V_p は 0 である．また回路は，ゲイン $-R_f/R_1$ の反転増幅回路であり，

$$V_{o,V_2=0} = -\frac{R_f}{R_1}V_1 \tag{5.13}$$

が得られる．次に $V_1 = 0$ の場合，オペアンプの+入力の電圧は抵抗 R_2, R_3 による分圧の結果，

$$V_p = \frac{R_3}{R_2 + R_3}V_2 \tag{5.14}$$

となる．このとき回路自身は，ゲインが $1 + R_f/R_1$ の非反転増幅器であるから，出力は

$$V_{o,V_1=0} = \left(1 + \frac{R_f}{R_1}\right)V_p = \left(1 + \frac{R_f}{R_1}\right)\frac{R_3}{R_2 + R_3}V_2 \tag{5.15}$$

である．ここで重ね合わせの原理を用いて

$$V_o = V_{o,V_1=0} + V_{o,V_2=0} = \left(1 + \frac{R_f}{R_1}\right)\frac{R_3}{R_2 + R_3}V_2 - \frac{R_f}{R_1}V_1 \tag{5.16}$$

が得られる．ここですべての抵抗値が等しいとすると，式 (5.16) は $V_o = V_2 - V_1$ となり，入力間の減算が実現できることがわかる．

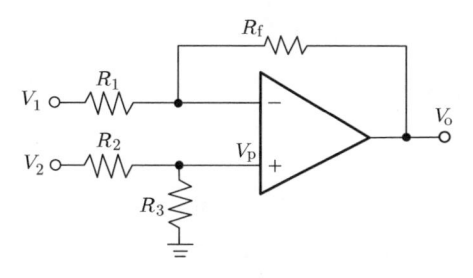

図 5.26 減算回路

5.6.7 電流–電圧変換回路

オペアンプの高入力インピーダンスを用いると，電流–電圧の変換を行うことができる．図 5.27 において，入力電流はすべて R_f を通ることから，

$$V_\mathrm{o} = -R_\mathrm{f}\, i \tag{5.17}$$

が得られる．これより電流に比例した電圧出力が得られ，受光素子のアンプなどに用いられる．

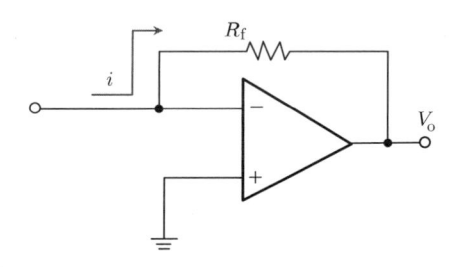

図 5.27 オペアンプによる電流–電圧回路

5.6.8 微積分回路

オペアンプを用いて，微分，積分の演算を行うことができる．図 5.28(a) に示す回路では，コンデンサを流れる電流 i と入力電圧 V_i の関係は，

$$V_\mathrm{i} = \frac{1}{C}\int i\, dt \tag{5.18}$$

となる．これが抵抗 R を通るから，$V_\mathrm{o} = -Ri$ の関係より，

$$V_\mathrm{o} = -CR\frac{dV_\mathrm{i}}{dt} \tag{5.19}$$

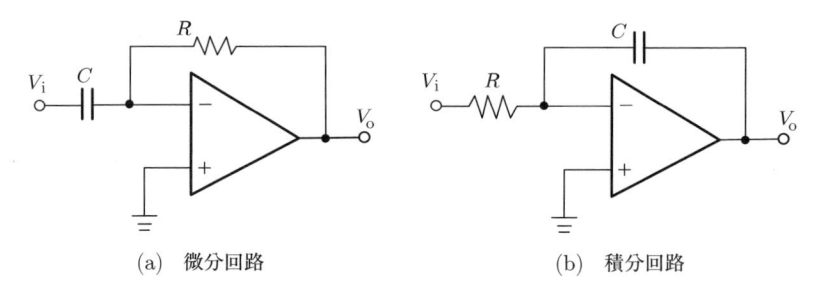

(a) 微分回路 (b) 積分回路

図 5.28 オペアンプを用いた微積分回路

が求まる．これは入力電圧を微分しているので，**微分回路** (differentiator) とよばれる．

また，同図 (b) でも同様にして入出力関係を求めると，

$$V_\mathrm{o} = -\frac{1}{CR}\int V_\mathrm{i}\,dt \tag{5.20}$$

が得られる．これは**積分回路** (integrator) とよばれる．

例題 5.3

図 5.29 に示す回路の入出力関係，および周波数特性を示せ．ただし $C_1 R_1 < C_2 R_2$ とする．

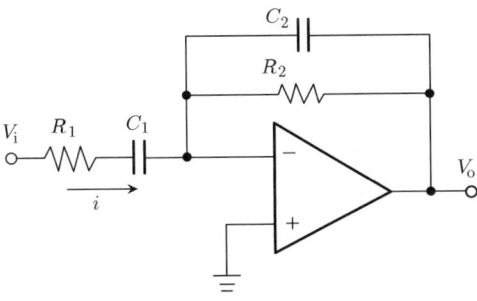

図 5.29 オペアンプを用いたバンドパスフィルタ

解答 複素数による回路表現（フェーザ；phasor）を用いると，R_1, C_1 を流れる電流 i は

$$i = \frac{V_\mathrm{i}}{R_1 + \frac{1}{j\omega C_1}} \tag{5.21}$$

により求められる．また，R_2, C_2 の合成インピーダンス Z は，

$$\frac{1}{Z} = \frac{1}{R_2} + j\omega C_2$$

$$Z = \frac{R_2}{1 + j\omega C_2 R_2} \tag{5.22}$$

である．出力 $V_\mathrm{o} = -Zi$ より

$$V_\mathrm{o} = -\frac{R_2}{R_1}\frac{1}{\left(1 + \frac{1}{j\omega C_1 R_1}\right)(1 + j\omega C_2 R_2)}V_\mathrm{i} \tag{5.23}$$

が得られる．ここで，$\omega \ll \frac{1}{C_1 R_1}$ の場合，式 (5.23) は

$$V_\mathrm{o} = -\frac{R_2}{R_1}j\omega C_1 R_1 V_\mathrm{i} = -j\omega C_1 R_1 V_\mathrm{i} \tag{5.24}$$

となり，微分特性を示す．これはフィルタとしてみると，**ハイパスフィルタ** (high-pass filter) である．また $\frac{1}{C_1 R_1} < \omega < \frac{1}{C_2 R_2}$ では，

となり，

$$V_o = -\frac{R_2}{R_1}V_i \tag{5.25}$$

となり，ゲインが $20\log|R_2/R_1|$ のアンプとして働く．さらに $\omega \gg \frac{1}{C_2R_2}$ では，

$$V_o = -\frac{R_2}{R_1}\frac{1}{j\omega C_2 R_2}V_i = -\frac{1}{j\omega C_2 R_1}V_i \tag{5.26}$$

となり，積分特性を示すとともに，ローパスフィルタ (low-pass filter) として働く．

したがって，これら3つの領域をつなぎ合わせると，図5.30のような**バンドパスフィルタ** (band-pass filter) の特性が得られる．

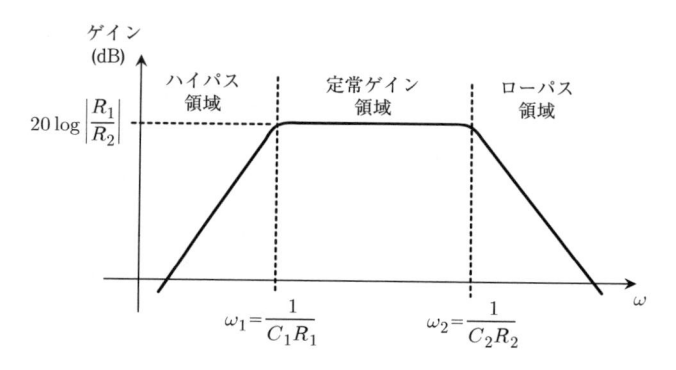

図 5.30 バンドパスフィルタの特性

演習問題 5

5.1 図 5.7 の発光ダイオードに用いる電流制限抵抗を，電源電圧 5, 12, 24 V の場合について求めよ．なお，抵抗値は E 系列の値で近似のこと．

5.2 図 5.13 のダーリントン接続を用いて，10 A のコレクタ電流を流したい．ベース電流が 0.1 mA，1 段目のトランジスタの h_{fe1} が 500 のとき，2 段目のトランジスタに必要な h_{fe2} の値を示せ．

5.3 図 5.23 の非反転増幅回路で，$R_1 = 1$ kΩ, $R_2 = 470$ kΩ のときのゲインは何倍かを求めよ．また，これは何 dB であるか計算せよ．

5.4 図 5.25 の加算回路において，入力側の抵抗を 4 本に増やし，$R_2 = 2R_1$, $R_3 = 4R_1$, $R_4 = 8R_1$ としたときの入出力関係を求めよ．またこの回路はどのような働きをするか，考察せよ．

5.5 図 5.30 のバンドパスフィルタにおいて，$f_1 (= \omega_1/2\pi) = 100$ Hz, $f_2 = 1$ kHz, ゲインを 20 dB に設定したい．$R_1 = 4.7$ kΩ としたとき，C_1, R_2, C_2 の値を示せ．

6 デジタル代数と論理回路

　現代におけるメカトロニクスの制御では，コンピュータによるデジタルシステムを用いて制御系を構築するのが一般的である．コンピュータの中では，電圧の有無を 1, 0 に対応させて論理を求めるため，2 進数が用いられる．2 進数を基本とした代数体系には，ブール代数 (Boolean algebra) をはじめとする各種の論理演算が含まれ，デジタル代数と総称される．本章ではこのようなデジタル代数の基礎と，それを実現するための基本的な論理回路について示す．また，組合せ論理回路の構成法と，その簡単化による素子数の削減についても示す．

6.1 2 進数による表現

　2 進数 (binary number) の世界では 0 と 1 のみで数を表現するため，われわれが日常使い慣れている 10 進数 (decimal number) から変換する必要がある．一般的に，n 桁の r 進数 $(d_{n-1}d_{n-2}\cdots d_1d_0)_r$ と 10 進数の間には，以下のような変換則がある．

$$(d_{n-1}d_{n-2}\cdots d_1d_0)_r = \left(\sum_{k=1}^{n} d_{k-1}r^{k-1}\right)_{10} \tag{6.1}$$

ここで，r を**基数** (radix)，$r_{n-1}\cdots r_0$ を**重み** (weight) という．この式を用いることにより，任意の基数を用いた数と 10 進数との相互変換が可能である．

6.1.1 10 進数と 2 進数の相互変換

　10 進数を 2 進数に変換するには，与えられた 10 進数について 2 で割り算を行い，剰余を書き込んでいく．たとえば 77 という 10 進数が与えられた場合，

$$
\begin{array}{r}
2)\underline{\,77\,} \quad\quad 剰余 \\
2)\underline{\,38\,} \cdots\cdots\ 1 \\
2)\underline{\,19\,} \cdots\cdots\ 0 \\
2)\underline{\,9\,} \cdots\cdots\ 1 \\
2)\underline{\,4\,} \cdots\cdots\ 1 \\
2)\underline{\,2\,} \cdots\cdots\ 0 \\
2)\underline{\,1\,} \cdots\cdots\ 0 \\
0 \ \cdots\cdots\ 1
\end{array}
\tag{6.2}
$$

が得られる．このときの剰余を下から並べた 7 桁の数字 $(1001101)_2$ が，$(77)_{10}$ に対応する 2 進数である．これを式 (6.1) で表現すると，

$$
\begin{aligned}
(77)_{10} &= 2^6 \cdot 1 + 2^5 \cdot 0 + 2^4 \cdot 0 + 2^3 \cdot 1 + 2^2 \cdot 1 + 2^1 \cdot 0 + 2^0 \cdot 1 \\
&= 64 \cdot 1 + 32 \cdot 0 + 16 \cdot 0 + 8 \cdot 1 + 4 \cdot 1 + 2 \cdot 0 + 1
\end{aligned}
\tag{6.3}
$$

となり，2 進数を 10 進数に変換する手順そのものとなる．

2 進数では 1 桁を**ビット** (bit : binary digit) で数える．一般に n ビットの 2 進数では，0 から $2^n - 1$ までの 2^n 個の数値を表すことができる．また，最上位のビットは 0, 1 が変化した場合，2 進数の値が大きく変わるので **MSB** (most siginificant bit；最上位ビット)，最下位のビットは数値への影響が最小なので **LSB** (least significant bit；最下位ビット) とよばれる．

6.1.2 その他の表記法

コンピュータ内での数値表現は，これまでに示した 2 進数を用いる方法以外にもいくつか存在し，読みやすくする観点から桁をまとめたり，コード化して表記される．

（1） 16 進法による表記

2 進数をそのまま用いると，桁数が多くなり表記に手間がかかるうえ，読み取りにくい．そこで，2 進数 4 ビットを一つの数値として取り扱う **16 進数** (hexadecimal number) による表現が用いられる．これは表 6.1 に示すよう

6.1 2進数による表現

表 6.1 10進数, 2進数, 16進数, BCDコード, Grayコードの関係

10進数	2進数	16進数	BCDコード	Grayコード
0	0000	0	0000	0000
1	0001	1	0001	0001
2	0010	2	0010	0011
3	0011	3	0011	0010
4	0100	4	0100	0110
5	0101	5	0101	0111
6	0110	6	0110	0101
7	0111	7	0111	0100
8	1000	8	1000	1100
9	1001	9	1001	1101
10	1010	A	0001 0000	1111
11	1011	B	0001 0001	1110
12	1100	C	0001 0010	1010
13	1101	D	0001 0011	1011
14	1110	E	0001 0100	1001
15	1111	F	0001 0101	1000

に, 10〜15 までの数値をアルファベットの A〜F により表記する方法で, コンピュータの機械語や, メモリデータの表現などに使われている. たとえば, 前出の $(77)_{10}$ は, $(0100\ 1101)_2$ なので, 4桁ずつ区切って $(4D)_{16}$ と表される.

(2) **2進化10進符号 (BCDコード)**

2進数の数値を10進数の0〜9に当てはめ, 10進数1桁ごとに2進数を表示する表記法を**2進化10進符号**, または **BCD**(binary coded decimal) **コード**とよび, デジタル回路の数値表現などに用いられる. たとえば $(246)_{10}$ は, $(0010\ 0100\ 0110)_{BCD}$ のように表す.

(3) **反転2進符号 (Grayコード)**

ロータリーエンコーダの目盛板などを2進数で構成する場合を考えよう. 図6.1は黒が1, 白が0と定義された目盛板で, フォトインタラプタなどにより点線で囲んだ部分を走査してデータを得る. (a) の2進数をコードした目盛板では, 1から2に移るとき一瞬ではあるが $(0001)_2 \to (0011)_2 \to (0010)_2$ のよう

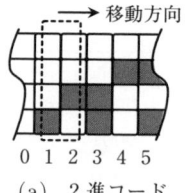

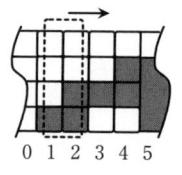

(a) 2 進コード　　(b) Gray コード

図 6.1　2 進符号によるエンコーダ目盛り板

な変化をすることがあり得る．すなわち位置が，$1 \rightarrow 3 \rightarrow 2$ のように変化したことになり，実際とは異なった動きとして認識されてしまう．一方，(b) では同じ場所で，$(0001)_2 \rightarrow (0011)_2 \rightarrow (0011)_2$ となるため，遷移部分でも実態を反映したデータが得られる．このように隣り合う 1 ビットのみを逐次変化 (ハミング距離[1]が 1) させて構成した符号を，**反転 2 進符号**，または **Gray コード** (Gray code) とよぶ．

6.2　基本的な論理演算と回路記号

デジタル回路で用いられる論理演算は，**ブール代数** (Boolean algebra) として体系化されている．なかでも論理積 (AND)，論理和 (OR)，否定 (NOT) の 3 演算は，重要な基本演算である．

6.2.1　基本論理演算

（1）　論理積 **AND**

論理積 AND は，すべての入力が 1 であるときだけ，1 を出力する演算である．A, B の 2 入力に対する出力 X の論理式は，

$$X = A \cdot B \tag{6.4}$$

であり，積の記号・を用いる．また，入出力を表形式で示したものを**真理値表** (truth table) といい，AND 演算の場合，表 6.2 のように表される．

論理回路を表すための記号は，米国軍事規格である MIL(military standard) 規格の表記法が一般にも広く用いられている．AND 回路の記号を図 6.2 に示す．

---

[1] 2 つの n ビットの列 x, y のハミング距離 (Hamming distance) d_{xy} は，$d_{xy} = \sum_{i=1}^{n} x_i \oplus y_i$ で定義される．$\oplus$ は式 (6.9) 参照．

6.2 基本的な論理演算と回路記号

表 6.2 AND 演算の真理値表

A	B	X
0	0	0
0	1	0
1	0	0
1	1	1

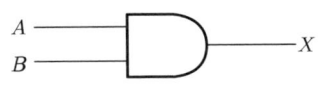

図 6.2 AND 回路の記号

(2) 論理和 OR

論理和 OR は，いずれかの入力が 1 であるとき 1 を出力する演算である．論理式は和の記号 + を用いて，以下のように表される．

$$X = A + B \tag{6.5}$$

表 6.3 OR 演算の真理値表

A	B	X
0	0	0
0	1	1
1	0	1
1	1	1

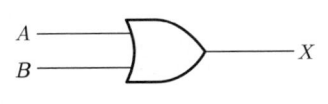

図 6.3 OR 回路の記号

(3) 否定 NOT

NOT は否定演算であり，入力と逆の論理を出力する．入力の上にバーを記述し，否定を表す．

$$X = \overline{A} \tag{6.6}$$

表 6.4 NOT 演算の真理値表

A	X
0	1
1	0

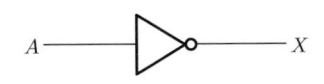

図 6.4 NOT 回路の記号

6.2.2 その他の論理演算

前出の AND，OR，NOT 回路を組み合わせることにより，次のような論理演算もよく用いられている．

（1）否定論理積 NAND

AND 出力の否定演算で，すべての入力が 1 のときだけ 0 を出力する．

$$X = \overline{A \cdot B} \tag{6.7}$$

回路記号は論理式どおり，AND と NOT 組合せで描くことができるが，通常，AND 回路の出力部に ○ をつけた表記法が用いられる．○ は状態表示記号とよばれ，信号線の論理の逆転を表すのに用いられる．

これまで電圧のある状態 (High レベル) を論理 1 とし，電圧のない状態 (Low レベル) を論理 0 に対応させて考えてきたが，このような表現を**正論理** (positive logic) という．

これと反対に，Low レベルを論理 1 に，High レベルを論理 0 に対応させるのが**負論理** (negative logic) である．この観点を用いると，NAND 回路は入力が正論理，出力が負論理の AND 回路とみなすことができる．

表 6.5 NAND 演算の真理値表

A	B	X
0	0	1
0	1	1
1	0	1
1	1	0

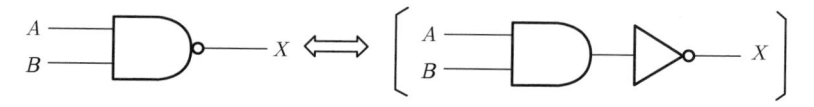

図 6.5 NAND 回路の記号

（2）否定論理和 NOR

OR 出力の否定演算であり，すべての入力が 0 のときだけ 1 を出力する．

$$X = \overline{A + B} \tag{6.8}$$

表 6.6 NOR 演算の真理値表

A	B	X
0	0	1
0	1	0
1	0	0
1	1	0

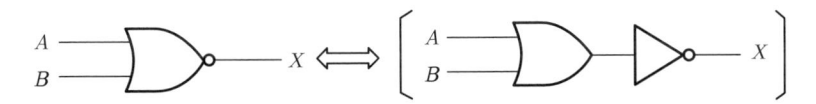

図 6.6 NOR 回路の記号

(3) 排他的論理和 EOR

排他的論理和 (exclusive OR) は EOR，または XOR と表記され，2 つの入力が異なるときは 1，一致するときは 0 を出力する．演算記号は $\oplus$ で表され，回路記号は図 6.7 が用いられる．

$$X = \overline{A} \cdot B + A \cdot \overline{B} = A \oplus B \tag{6.9}$$

表 6.7 EOR 演算の真理値表

A	B	X
0	0	0
0	1	1
1	0	1
1	1	0

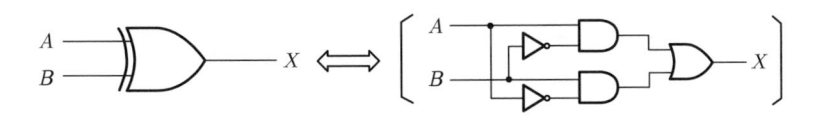

図 6.7 EOR 回路の記号

(4) バッファ

図 6.8 のように，NOT 記号の先端に ◦ がないものをバッファ (buffer) とよぶ．論理的には

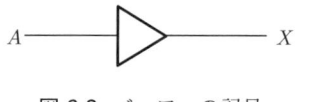

図 6.8 バッファの記号

$$X = A \tag{6.10}$$

となり，入力をそのまま出力するので意味がないように思われるが，実際の電子回路において，後段の負荷駆動能力を高めるために用いられる．

6.3 ド・モルガンの定理

ド・モルガンの定理 (De Morgan's theorem) は以下の 2 式で表され，ブール代数で重要な関係である．

$$\overline{A + B} = \overline{A} \cdot \overline{B} \tag{6.11}$$

$$\overline{A \cdot B} = \overline{A} + \overline{B} \tag{6.12}$$

これを確かめるため，図 6.9 のベン図 (Venn diagram) を用いて考えてみよう．丸で囲まれた領域の内側はそれぞれ A，B の領域を表し，$\overline{A}$ や $\overline{B}$ はその外側で表される．また + 演算は両者の領域和で表され，・演算は両者の共通領域となる．これより式 (6.11) の左辺は (a) → (b)，右辺は (c) → (d) → (e) のように書き表され，(b)，(e) を比較すると両者が等価であることがわかる．

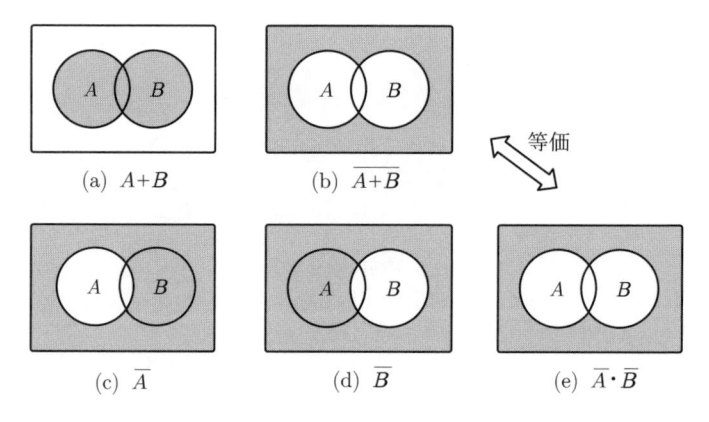

図 6.9 ベン図による論理表現

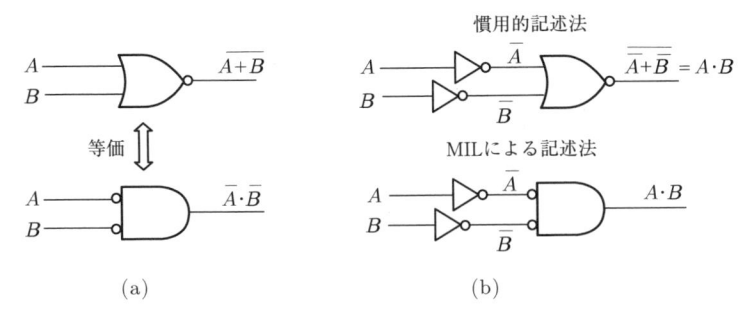

図 6.10 ド・モルガンの法則に基づく NOR 回路の等価表現 (a) と回路の記述法 (b)

また式 (6.11) を NOR 回路に適用すると，図 6.10(a) のように AND 回路を用いても同等の論理記述ができる．これは同図 (b) のように，信号線の論理が混在する回路を記述する際に用いられる．すなわち，負論理の信号線では○が配線の両端で必ず向かい合わせになるように配置すると，信号線は両端で2重否定されるため途中の論理を考える必要がなくなり，回路全体の論理の把握が容易になる．これは MIL 規格による記述思想であり，論理回路は本来これに基づいた記述法が望ましい．しかし，正論理のみを用いた慣用表現も一般に使われている．

練習問題 6.1

式 (6.12) の関係をベン図を描いて確認せよ．また，NAND 回路を用いて表せ．

6.4 論理回路のタイムチャート

論理回路の入出力の時間変化は，**タイムチャート** (time chart) を用いて表す．これは横軸に時間をとり，多数の入出力の状態を縦方向に揃えて描くもので，回路全体における信号変化の様子を視覚的にとらえることができる．論理回路の動作を知るためには，はじめに真理値表を作成して入力に応じた出力を求めたのち，これを用いてチャートを描くとよい．

例題 6.1

論理式 $X = A + (\overline{B} \cdot C)$ の論理回路図を作成し，真理値表を求めよ．また図 6.11 で与えられた入力に対する X のタイムチャートを作成せよ．

図 6.11 入力のタイムチャート

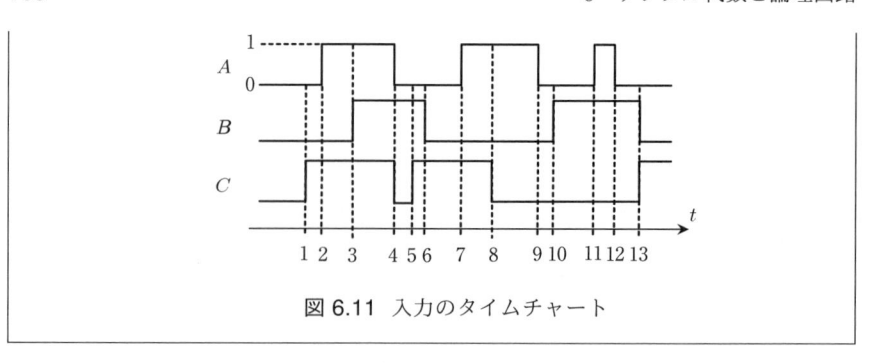

解答 回路図，真理値表，出力のタイムチャートは次のとおり．

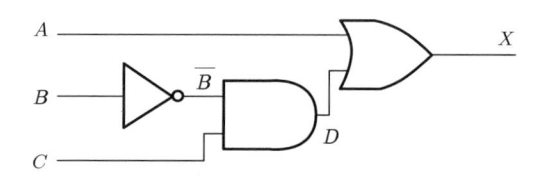

$X = A + (\overline{B} \cdot C)$ の論理回路

$X = A + (\overline{B} \cdot C)$ の真理値表

A	B	C	$\overline{B}$	$D = \overline{B} \cdot C$	$X = A + D$
0	0	0	1	0	0
0	0	1	1	1	1
0	1	0	0	0	0
0	1	1	0	0	0
1	0	0	1	0	1
1	0	1	1	1	1
1	1	0	0	0	1
1	1	1	0	0	1

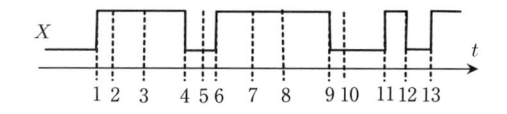

出力 X のタイムチャート

6.5 ゲート回路

図 6.12 の AND 回路では，ゲート信号 G が 1 のときのみ信号線 S のパルス列が AND 回路を通過することができる．この様子が，**ゲート** (gate；門) により信号の通過を制御しているようにみえるため，AND 回路のことを AND ゲートとよぶ場合がある．また，一般的に単純な論理回路をゲートと称し，論理の種類を前に付けて OR ゲート，NAND ゲートなどともよばれることがある．

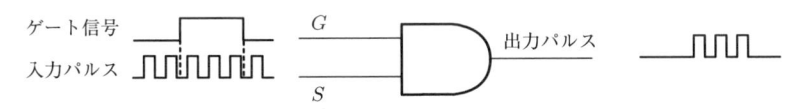

図 6.12 AND 回路のゲート動作

6.6 公式による論理式の簡略化

ブール代数では，表 6.8 に示すような公式が成り立つ．これを用いると，多入力の複雑な論理式を簡略化することができる．例題により実際に論理式の簡単化を行ってみよう．なお本書ではこれ以降，特に明記する必要がある場合を除き，AND 演算の記号・は省略し，通常の代数の積と同様に表記する．

表 6.8 ブール代数における基本公式

公式名	論理式
交換則	$A+B = B+A, \ AB = BA$
結合則	$(A+B)+C = A+(B+C), \ (AB)C = A(BC)$
吸収則	$A+AB = A, \ A(A+B) = A$
分配則	$A(B+C) = AB+AC, \ A+BC = (A+B)(A+D)$
相補則	$A+\overline{A} = 1, \ A\overline{A} = 0$
同一則	$A+A+\cdots+A = A, \ AA\cdots A = A$
	$A+1 = 1, \ A\cdot 1 = A, \ A+0 = A, \ A\cdot 0 = 0$

例題 6.2

論理式 $X = \overline{A}B\overline{C} + \overline{A}BC + ABC + A\overline{B}C$ を表 6.8 の公式を用いて簡単化せよ．

解答 前 2 項，後 2 項に分配則を適用した後，相補則 ($\overline{B}+B = 1, \overline{C}+C = 1$) の関係を用いると，

$$X = \overline{A}B\overline{C} + \overline{A}BC + ABC + A\overline{B}C$$
$$= \overline{A}B(\overline{C} + C) + A(B + \overline{B})C$$
$$= \overline{A}B \cdot 1 + AC \cdot 1$$
$$= \overline{A}B + AC$$

が求められる．図 6.13 に示すように，もともとの論理回路と簡単化された論理回路を比べると，AND 回路が 2 個，NOT 回路が 2 個，配線とともに節約されていることがわかる．大規模な論理回路ではより多くの回路が節約できるので，論理式はできるだけ簡単化するように努めなければならない．

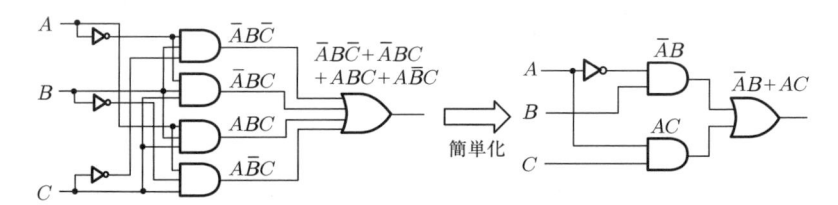

図 6.13 論理式簡略化による論理回路の簡単化

6.7 カルノー図を用いた簡単化

先に示した例題では，公式を直感的に適用して論理式を簡単化することができた．しかし，一般の論理式では必ずしもこのような方法が実行可能とはかぎらず，変数が多くなると適用公式を見つけ出すのも大変である．そこで，図 6.14 のような**カルノー図** (Karnaugh map) を用いることによりこの問題を解決し，図式的に論理式の簡単化を図ることができる．ここで注意すべきことは，ます目の数値が 2 進数でなく，Gray コードのように隣どうしが 1 ビットのみ変化するように配置されていることである (ハミング距離 = 1)．

前出の例題について，カルノー図による簡単化の方法を示そう．

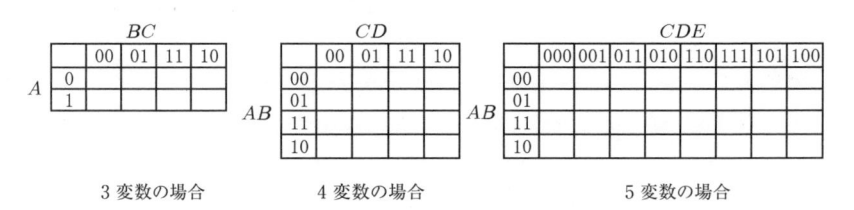

3 変数の場合　　　　4 変数の場合　　　　5 変数の場合

図 6.14 カルノー図に用いるマップ

例題 6.3

論理式 $X = \overline{A}B\overline{C} + \overline{A}BC + ABC + A\overline{B}C$ をカルノー図を用いて簡単化せよ.

解答 カルノー図では，論理式の各項を 01 に当てはめ，該当するマップのます目に 1 を記述する.

$$\overline{A}B\overline{C} \rightarrow 010, \quad \overline{A}BC \rightarrow 011$$
$$ABC \rightarrow 111, \quad A\overline{B}C \rightarrow 101$$

	BC			
A	00	01	11	10
0		① 1	1	
1	② 1	1		

次に，隣り合うます目を2個，4個など，できるだけ大きなグループとしてまとめる．この例では，①，②のようにグループ化する．①のグループでは，A は 0，B は 1，C は 0 と 1 なので，$\overline{A}B(\overline{C}+C) = \overline{A}B$ となる．また②では同様に $A(\overline{B}+B)C = AC$ となり，最終的に $X = \overline{A}B + AC$ が得られ，例題 6.2 の解答と一致する．

6.8 組合せ論理回路の例

ここでは，より実用的な組合せ論理回路について，例題により解法を示す．

例題 6.4

表 6.1 中に示されている 2 進数を，Gray コードに変換する論理式を求め，カルノー図を用いて簡単化し，論理回路を構成せよ．

解答 2 進数 ABCD を対応する Gray コード $WXYZ$ の各桁に変換する論理式を求めると，以下のようになる．

$$W = \overline{AB}\overline{C}D + \overline{AB}CD + \overline{A}B\overline{C}\overline{D} + \overline{A}BCD$$
$$+ AB\overline{CD} + AB\overline{C}D + ABC\overline{D} + ABCD$$
$$X = \overline{A}B\overline{CD} + \overline{A}B\overline{C}D + \overline{A}BC\overline{D} + \overline{A}BCD$$
$$+ A\overline{BCD} + A\overline{B}CD + A\overline{B}C\overline{D} + A\overline{B}CD$$
$$Y = \overline{AB}C\overline{D} + \overline{AB}CD + \overline{A}BC\overline{D} + \overline{A}BCD$$
$$+ A\overline{B}C\overline{D} + A\overline{B}CD + AB\overline{C}\overline{D} + AB\overline{C}D$$
$$Z = \overline{ABC}D + \overline{AB}C\overline{D} + \overline{A}B\overline{C}D + \overline{A}BC\overline{D}$$
$$+ A\overline{BC}D + A\overline{B}C\overline{D} + AB\overline{C}D + ABC\overline{D}$$

これをもとに各桁のカルノー図を書くと，下図のようになる．カルノー図のグループを図中のようにとると，W はグループ①より $A(B+\overline{B})(C+\overline{C})(D+\overline{D}) = A$, X はグループ②, ③より，$\overline{A}B(C+\overline{C})(D+\overline{D}) + A\overline{B}(C+\overline{C})(D+\overline{D}) = \overline{A}B + A\overline{B}$ となる．

W		CD				X		CD			
		00	01	11	10			00	01	11	10
	00						00		②		
AB	01	①				AB	01	1	1	1	1
	11	1	1	1	1		11	③			
	10	1	1	1	1		10	1	1	1	1

Y		CD				Z		CD			
		00	01	11	10			00	01	11	10
	00	④		1	1		00	⑥	1	⑦	1
AB	01	1	1	⑤		AB	01		1		1
	11	1	1				11		1		1
	10			1	1		10	1		1	

以下同様にして，次式のように簡単化される．

$$W = A$$
$$X = \overline{A}B + A\overline{B} = A \oplus B$$
$$Y = B\overline{C} + \overline{B}C = B \oplus C$$
$$Z = \overline{C}D + C\overline{D} = C \oplus D$$

この式をもとに論理回路を構成すると，図 6.15 のように表される．

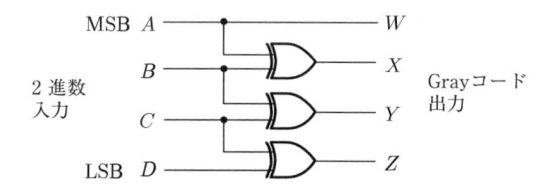

図 6.15 2 進数・Gray コード変換回路

例題 6.5

図 6.16 に示されるような 7 セグメント LED を用いて，2 進数を 16 進数として視覚的に表示したい．このとき，2 進数入力 $ABCD$ から各表示セグメント $a \sim g$ の駆動信号を生成する論理回路を構成せよ．図中の LED は，黒が点灯，白が消灯を表し，このときの各素子の論理は，点灯を 1，消灯を 0 とする．

6.8 組合せ論理回路の例

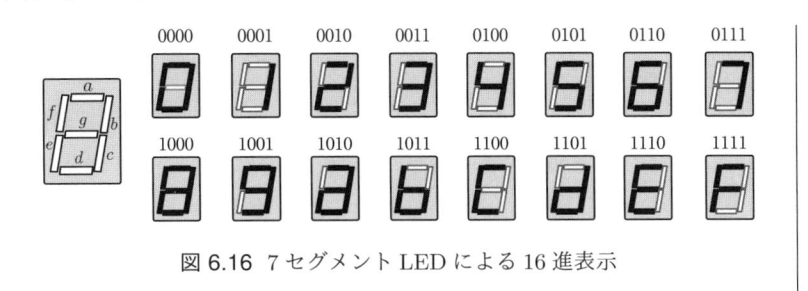

図 6.16 7 セグメント LED による 16 進表示

解答 図より，各セグメントの駆動信号の真理値表を求めると，表 6.9 のようになる．これより，各セグメントの論理式を求めると，

$$a = \overline{ABCD} + \overline{AB}C\overline{D} + \overline{AB}CD + \overline{A}B\overline{C}D + \overline{A}BC\overline{D} + \overline{A}BCD + A\overline{BCD}$$
$$+ A\overline{B}C\overline{D} + A\overline{B}CD + AB\overline{CD} + ABC\overline{D} + ABCD$$

$$b = \overline{ABCD} + \overline{ABC}D + \overline{AB}C\overline{D} + \overline{A}B\overline{CD} + \overline{A}B\overline{C}D + \overline{A}BCD + A\overline{BCD}$$
$$+ A\overline{B}C\overline{D} + A\overline{B}CD + AB\overline{C}D$$

$$c = \overline{ABCD} + \overline{ABC}D + \overline{AB}CD + \overline{A}B\overline{CD} + \overline{A}B\overline{C}D + \overline{A}BC\overline{D} + \overline{A}BCD$$
$$+ A\overline{BCD} + A\overline{BC}D + A\overline{B}C\overline{D} + AB\overline{C}D + AB\overline{C}\overline{D}$$

$$d = \overline{ABCD} + \overline{AB}C\overline{D} + \overline{AB}CD + \overline{A}B\overline{C}D + \overline{A}BC\overline{D} + \overline{A}BCD + A\overline{BCD}$$
$$+ A\overline{B}C\overline{D} + A\overline{B}CD + AB\overline{CD} + ABC\overline{D} + ABC\overline{D}$$

表 6.9 2 進入力・7 セグメント LED の 16 進表示の真理値表

A	B	C	D	16 進	LED 表示	a	b	c	d	e	f	g
0	0	0	0	0	0	1	1	1	1	1	1	0
0	0	0	1	1	1	0	1	1	0	0	0	0
0	0	1	0	2	2	1	1	0	1	1	0	1
0	0	1	1	3	3	1	1	1	1	0	0	1
0	1	0	0	4	4	0	1	1	0	0	1	1
0	1	0	1	5	5	1	0	1	1	0	1	1
0	1	1	0	6	6	1	0	1	1	1	1	1
0	1	1	1	7	7	1	1	1	0	0	0	0
1	0	0	0	8	8	1	1	1	1	1	1	1
1	0	0	1	9	9	1	1	1	1	0	1	1
1	0	1	0	A	a	1	1	1	1	1	0	1
1	0	1	1	B	b	0	0	1	1	1	1	1
1	1	0	0	C	C	1	0	0	1	1	1	0
1	1	0	1	D	d	0	1	1	1	1	0	1
1	1	1	0	E	E	1	0	0	1	1	1	1
1	1	1	1	F	F	1	0	0	0	1	1	1

$$e = \overline{ABCD} + \overline{AB}C\overline{D} + \overline{A}BC\overline{D} + \overline{A}\overline{B}C\overline{D} + A\overline{B}C\overline{D} + A\overline{B}CD + AB\overline{CD}$$
$$+ AB\overline{C}D + ABC\overline{D} + ABCD$$

$$f = \overline{ABCD} + \overline{ABC}D + \overline{AB}C\overline{D} + \overline{A}BC\overline{D} + \overline{A}BCD + A\overline{B}C\overline{D} + A\overline{B}CD$$
$$+ AB\overline{CD} + ABC\overline{D} + ABCD$$

$$g = \overline{ABC}D + \overline{AB}CD + \overline{A}B\overline{CD} + \overline{A}BC\overline{D} + \overline{A}BCD + A\overline{BCD}$$
$$+ A\overline{B}C\overline{D} + A\overline{B}C\overline{D} + A\overline{B}CD + AB\overline{C}D + ABC\overline{D} + ABCD$$

が得られる．これより各論理式のカルノー図を描くと，以下のようになる．

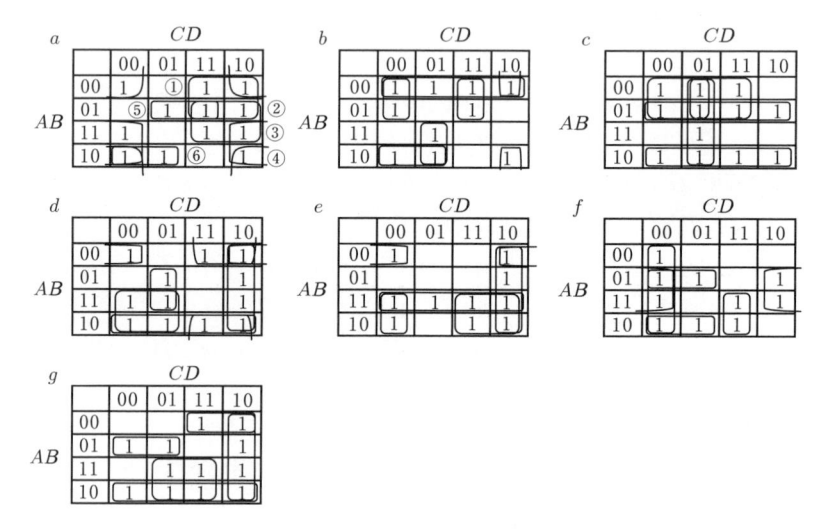

[Karnaugh maps for a, b, c, d, e, f, g with AB rows (00, 01, 11, 10) and CD columns (00, 01, 11, 10)]

a の論理式について簡単化できる部分は，グループ①より $\overline{A}C$，②より BC，③より $A\overline{D}$，④より $\overline{B}D$，⑤より $\overline{A}BD$，⑥より $A\overline{BC}$ となる．これらの論理和により

$$a = \overline{A}C + BC + A\overline{D} + \overline{B}D + \overline{A}BD + A\overline{BC}$$

が得られる．以下同様に，カルノー図に示したグループを用いて $b \sim g$ についても簡単化を行うと，次のような一連の論理式が得られる．

$$\begin{cases} b = \overline{AB} + \overline{A}C\overline{D} + \overline{A}CD + \overline{B}C\overline{D} + A\overline{BC} + A\overline{C}D \\ c = \overline{AC} + \overline{AD} + \overline{A}B + A\overline{B} + \overline{C}D \\ d = \overline{B}C + C\overline{D} + A\overline{C} + A\overline{B} + \overline{ABD} + B\overline{C}D \\ e = C\overline{D} + AB + AC + \overline{ABD} + A\overline{CD} \\ f = \overline{CD} + B\overline{D} + \overline{ABC} + ACD + A\overline{BC} \\ g = C\overline{D} + A\overline{B} + AD + \overline{ABC} + \overline{AB}\overline{C} \end{cases} \quad (6.13)$$

このようにして得られた論理式をもとに，aについての回路を構成すると，次図のようになる．

なお，カルノー図中の簡略化は一通りのみではなく，グループのとりかたにより複数の解が得られる場合がある．

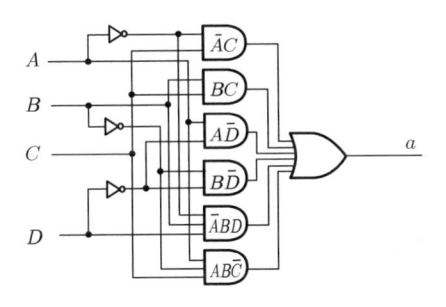

練習問題 6.2

簡単化された論理式 (6.13) に基づき，セグメント $b \sim g$ の論理回路を構成せよ．

演習問題 6

6.1 次の 10 進数を 2 進数，16 進数で表せ．
 (a) 100
 (b) 1000
 (c) 10000

6.2 論理式 $Y = \overline{ABC}D + \overline{AB}CD + AB\overline{CD} + A\overline{BCD} + ABC\overline{D} + A\overline{B}C\overline{D}$ をカルノー図を用いて簡略化せよ．また簡略化した式を論理回路で示せ．

7 デジタル回路要素

　前章では，デジタル代数とそこで用いられる基本的な論理演算について学習した．組合せ論理回路では，入力の現在の状態のみに応じて出力が決定されたが，順序回路では過去の状態も含めて出力が決まる．フリップフロップはこのような順序回路の基本素子であり，カウンタやレジスタなどにも応用される．また，A/D コンバータや D/A コンバータなども，メカトロニクスにおける計測制御の重要な回路要素である．本章では，情報処理回路，コンピュータ内部回路，データ入出力などに用いられる基本的なデジタル回路について理解を深めるとともに，実際の素子の電気的特性などについて示す．

7.1 フリップフロップ

　フリップフロップ (flip-flop：FF) には 2 つの出力端子があり，一方を Q とすると他方は必ず反転出力 $\overline{Q}$ になっている．信号の反転する様子が図 7.1 のようにシーソーの動作に似ているため，この動きを表す英語の擬音から素子名がつけられている．新たな信号が入力されるまで出力の状態が保持されるため，カウンタやラッチなどの**順序回路** (sequential logic circuit) に用いられる．入力

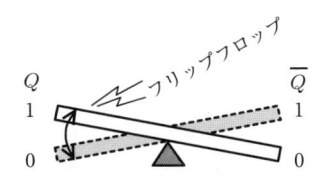

図 7.1　FF の動作の様子

信号やクロックの有無により，いくつかの種類がある．

7.1.1 RS フリップフロップ

図 7.2(a) は，NOR ゲートにより構成した **RS–FF** (reset set flip-flop) の回路図である．S はセット，R はリセット入力であり，$Q, \overline{Q}$ が出力である．回路記号としては，同図 (b) のような四角形で表される．真理値表を表 7.1 に示すが，S, R はそれぞれ Q をセット，リセットするように働く．両者ともに 0 のときは出力は変わらない．また，S, R ともに 1 の入力は禁止されている．

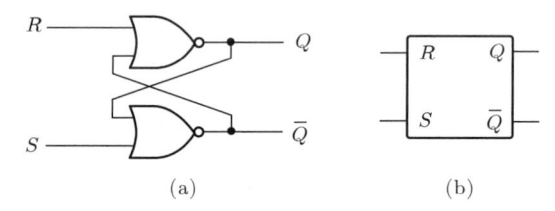

図 7.2 NOR ゲートによる RS–FF と回路記号

表 7.1 RS–FF の真理値表

S	R	Q
0	0	変化せず
0	1	0
1	0	1
1	1	禁止

この回路の応用例として，図 7.3 にチャタリング防止回路を示す．**チャタリング** (chattering) とは，スイッチの機械的な切替に伴う接点の振動的な挙動で

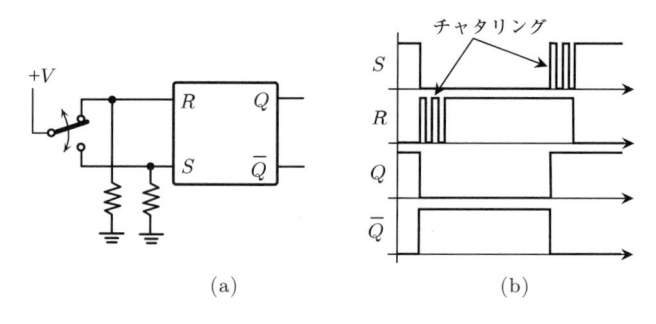

図 7.3 RS–FF を用いたチャタリング防止回路

7.1 フリップフロップ

ある．このような接点の信号をカウンタの入力などに用いる場合，チャタリングにより発生した多数のパルスを計測すると誤動作の原因となるため，RS–FFで防止回路を構成する．同図 (b) のタイムチャートに示すとおり，R または S 入力が何度入っても，最初のパルスのみで出力が変わり以後出力は不変のため，チャタリングに伴う余剰パルス入力を排除することができる．

7.1.2 D–FF

D–FF (Delay flip-flop) は，D に入力されたデータが**クロックパルス** CK に同期して出力されるものである．回路記号と動作を図 7.4 に，真理値表を表 7.2 に示す．CK 入力に記号＞が示されているのは，エッジにより駆動される (**エッジトリガ**；edge-triggerd) ことを表しており，立上り (アップエッジ；up edge) で動作するものと，立下り (ダウンエッジ；down edge) で動作するものの 2 通りがある．立下り動作のものは，回路記号の CK 入力に ○ をつける．

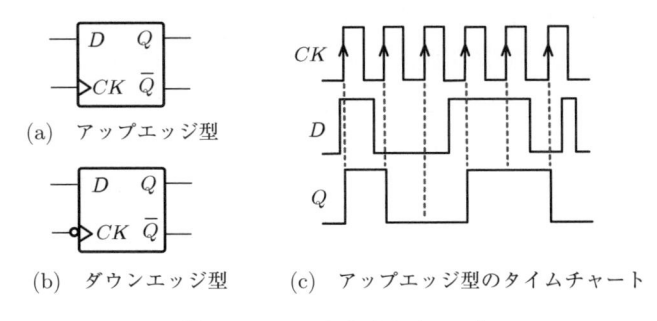

(a) アップエッジ型

(b) ダウンエッジ型

(c) アップエッジ型のタイムチャート

図 7.4 D–FF とタイムチャート

表 7.2 D–FF の真理値表 (アップエッジ型の場合)

CK	D	Q
0	×	変化せず
1	×	変化せず
↑	0	0
↑	1	1

7.1.3 T フリップフロップ

T–FF(toggle flip-flop) は，クロックが入るたびに出力が反転するもので，入力パルスの数を半分にする働きをする．回路記号とタイムチャートを図 7.5

(a) T-FFの回路記号 (b) タイムチャート

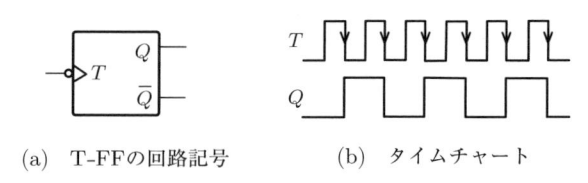

図 7.5 T–FF の回路記号と働き

表 7.3 T–FF の真理値表 (ダウンエッジ型の場合)

CK	Q
↓	反転

に，真理値表を表 7.3 に示す．

7.1.4 JK フリップフロップ

JK–FF(JK flip-flop) は，入力 J, K の組合せと，クロックパルス CK により出力が決まる．図 7.6 にダウンエッジ型の回路記号を，表 7.4 に真理値表を示す．JK–FF などには，通常，$\overline{PR}, \overline{CLR}$ の入力が設けられているが，これは J, K, CK 入力にかかわらず，Q を 1 にプリセット，または 0 にクリアする信号である．これらの信号は 0 にすることにより働くので，**負論理** (active low) 入

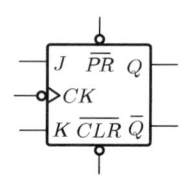

図 7.6 JK–FF の回路記号

表 7.4 JK–FF の真理値表

PR	CLR	CK	J	K	Q	状態
1	1	↓	0	0	Q	変化せず
1	1	↓	0	1	0	リセット
1	1	↓	1	0	1	セット
1	1	↓	1	1	$\overline{Q}$	反転
0	1	×	×	×	1	プリセット
1	0	×	×	×	0	クリア

7.1 フリップフロップ

力とよばれ，信号線に○が付いていると同時に信号名も $\overline{信号名}$ と表記される．これに対して 1 で働く通常の信号は，**正論理** (active high) とよばれる．

JK–FF は，万能型フリップフロップとして，他のフリップフロップに変換することができる．以下にその変換例を示す．

（1） T フリップフロップへの変換

JK–FF による T–FF の構成を図 7.7 に示す．JK–FF において $J = K = 1$ にすると，クロックごとに出力が反転する機能を用いている．この際，クリア，プリセット入力も 1 に接続して，回路動作を確実にする必要がある．

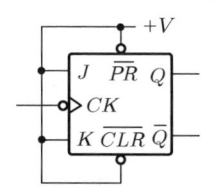

図 7.7 JK–FF による T–FF の構成

（2） RS フリップフロップへの変換

JK–FF のプリセット，クリア入力を用いると，図 7.8 のような，RS–FF が構成できる．この場合，J, K, CK 入力は 0 にする．また，R, S 入力は負論理となる．

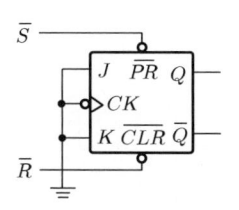

図 7.8 JK–FF による RS–FF の構成

（3） D フリップフロップへの変換

JK–FF の入力を NOT 回路により相反するように設定すると，図 7.9 のように D–FF が構成可能である．

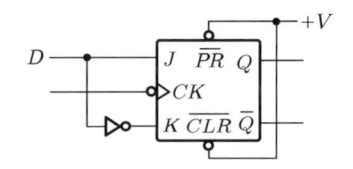

図 7.9 JK–FF による D–FF の構成

7.2 カウンタ回路

フリップフロップを複数組み合わせると，入力パルス数を計数，記憶が可能なカウンタ回路を構成することができる．これらはフリップフロップの 0 と 1 出力を 2 進数の各桁に割り当てて計数を進めていくため，**バイナリカウンタ** (binary counter) と総称される．

7.2.1 T フリップフロップによるバイナリカウンタ

図 7.10 は，T–FF を 4 段直列に接続した 4 ビットバイナリカウンタである．入力パルスのダウンエッジで初段の FF 出力が反転し，これが次段への入力と

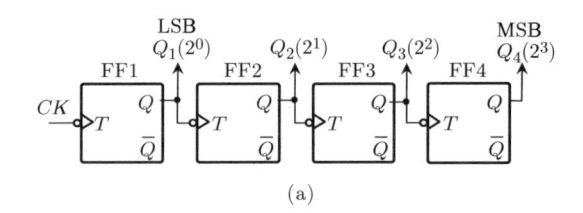

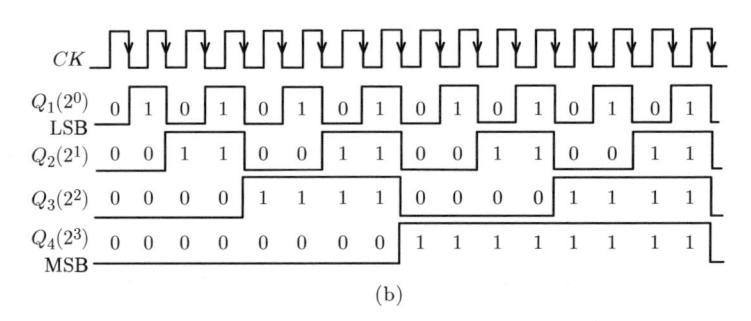

図 7.10 T–FF による 4 ビットバイナリカウンタの構成 (a) とタイムチャート (b)

なる．各フリップフロップの出力 $Q_4Q_3Q_2Q_1$ は 2 進数 $0000(0_{10})\sim 1111(15_{10})$ の 4 桁に対応し，初段が LSB，最終段が MSB である．一般に n 段のフリップフロップを用いると，$2^n - 1$ まで計数可能なカウンタ回路を構成できる．

本カウンタのように，フリップフロップ間を信号が伝わることにより計数動作を進めるカウンタは，波が順次伝わる様子にみえることから**リップルカウンタ** (ripple counter) とよばれる．また，クロックのような同期信号が存在せず，1 段目から逐次フリップフロップの様子が変化するので，**非同期式カウンタ** (asynchronous counter) ともよばれる．さらに，各段の信号の周波数に着目すると，段が進むごとに周波数が 1/2 になっていることがわかる．このようにカウンタは，周波数を小さくする**分周器** (frequency devider) としても用いられる．

7.2.2　N 進カウンタ

T–FF を用いたバイナリカウンタにより，**N 進カウンタ** (modulo N counter) を構成することができる．このためには 2 進数 N のビットパターンを検出する論理回路を構成し，その出力を T–FF の CLR 端子 (1 にすると Q を 0 にリセット) に入力して，強制的にカウンタをリセットする．

例題 7.1

図 7.10 の回路を用いて，10 進カウンタを構成せよ．ただし，T–FF には CLR 入力があるものとする．

解答　10 の 2 進数ビットパターンは $1010(Q_4Q_3Q_2Q_1)$ であるから，これを検出する条件 Y は，論理式

$$Y = Q_4\overline{Q_3}Q_2\overline{Q_1} \tag{7.1}$$

で表される．これを図 7.11 のように，T–FF の各段の CLR に入力すると，10 進カウンタ (decade counter) が構成できる．このカウンタの出力 $Q_4Q_3Q_2Q_1$ は，BCD コードとなっているため BCD カウンタ (BCD counter) ともよばれる．ここで，出力 Q_4 に注目すると，8 発目のパルスで立上り，10 発目で立下がっている．すなわち，入力 10 発で 1 つの出力パルスを発生するため，パルスの立下りを次段の 10 進カウンタの入力とすることにより，多桁の 10 進カウンタが構成できる．

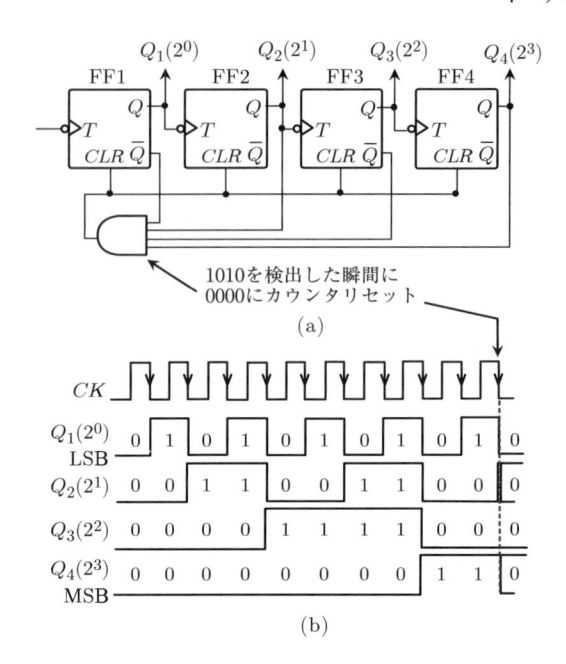

図 7.11 T–FF による 10 進カウンタの構成 (a) とタイムチャート (b)

7.2.3 同期カウンタ

非同期カウンタでは多段の FF 中を信号が伝播していくため，後段になるほど遅延を生じる．たとえば，図 7.12 のように FF 出力を論理回路 $Y = Q_1 \oplus Q_2$ に用いた場合，FF 出力の変わりめではスパイク状の信号が生じる場合がある．これは，FF の各段の遅延が累積されることにより，回路の設計時点では想定外の状態 $(Q_2 Q_1) = (00)$ が短時間生じたためで，これを**ハザード** (hazard) といい，回路の誤動作の原因となる．そこで，クロックに同期して全段の出力がいっせいに変わるようにしたのが，**同期カウンタ** (synchronous counter) である．

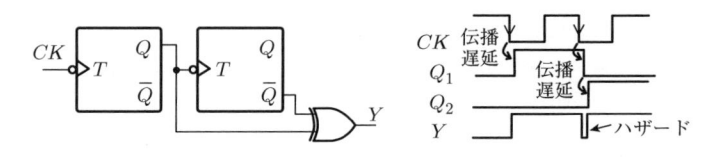

図 7.12 FF の伝播遅れによるハザードの例

例題 7.2

図 7.13 に 4 ビットの同期カウンタの回路を示す．タイムチャートを描いて，カウンタの動作を確認せよ．

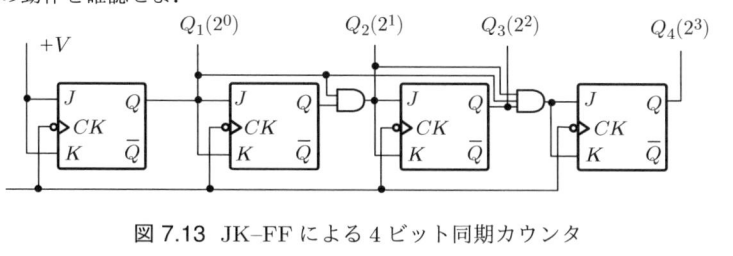

図 7.13 JK–FF による 4 ビット同期カウンタ

解答 1, 2 段目は，J, K 入力が共通に配線されているので，$J = K = 1$ のとき，出力が反転する．3 段目以降の FF 入力は，前段の出力がすべて 1 のとき (2 進数の桁上がりのとき) に出力が変化するように，AND 回路により論理積をとっている．これより，タイムチャートは図 7.10 とまったく同様になるが，各出力の変化のタイミングは，非同期カウンタのようにビットごとにずれることなく，クロックの立下りに完全に同期していっせいに変化する．

7.3 ラッチとシフトレジスタ

7.3.1 ラッチ

ストップウォッチで時間を計測するとき，本来のカウンタ動作とは別に，一時的に途中経過を表示する「ラップタイム」機能が付加されている．このように変動しているデータの瞬時状態を，一時的に保存する素子が**ラッチ** (data

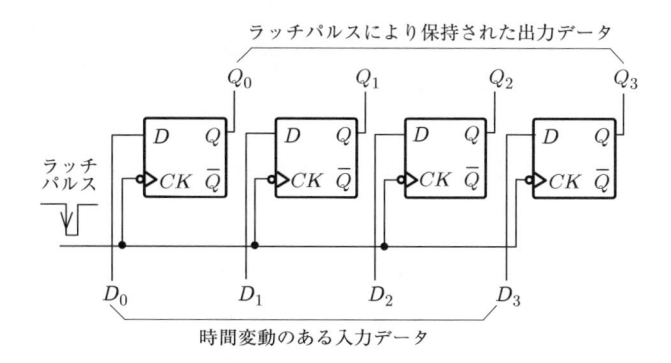

図 7.14 D–FF による 4 ビットデータラッチ

latch) である．4 ビットラッチの例を，図 7.14 に示す．D–FF を桁数分用いることにより，クロック (ラッチパルス) を入力した時点のデータが出力側に現れ，次のクロック入力まで保持される．

7.3.2 シフトレジスタ

複数個のフリップフロップを接続し，データがフリップフロップ間を順次移動する回路をシフトレジスタ (shift register) とよぶ．図 7.15 に，D–FF を用いた直列入力・並列出力シフトレジスタの例を示す．シフトレジスタにはこの他にも，並列入力・直列出力，並列入力・並列出力，循環レジスタなどさまざまの種類のものがあり，コンピュータ内での算術演算，誤り訂正など幅広く利用されている重要なデジタル回路要素である．

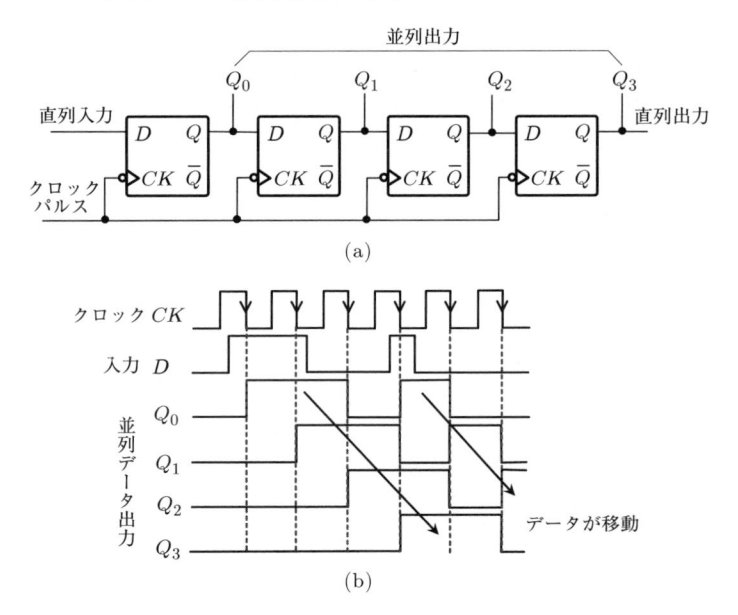

図 7.15 D–FF による 4 ビットシフトレジスタの構成 (a) とタイムチャート (b)

7.4 マルチバイブレータ

デジタルパルスを発生する回路を，**マルチバイブレータ** (multivibrator) とよぶ．通常，発振専用 IC によりパルスを得ることが多いが，ここではデジタル IC を用いた原理的な構成を示す．

7.4 マルチバイブレータ

7.4.1 非安定マルチバイブレータ

非安定マルチバイブレータ (astable multivibrator) は，連続的なパルスを発生する回路である．図 7.16 に，インバータと RC 回路を用いた例を示す．

はじめに，点 a の出力が 1 とすると，インバータの性質から，点 b は 0，点 c は 1 となる．これよりコンデンサは，a →コンデンサ→ d →抵抗→ b の経路で充電される．充電が進むと点 d の電圧は 0 に近づくため，点 c の入力も 0 となる．この瞬間，点 b は 1 に，点 a は 0 へと反転し，コンデンサは前とは逆向きの経路，b →抵抗→ d →コンデンサ→ a の経路で充電される．充電が進み点 d の電圧が上昇すると，点 c の入力は 1 となり，各インバータの出力が反転するとともに，再び以前の経路でのコンデンサの充電が始まる．このようなプロセスを繰り返すことにより，出力 a は 0–1 のパルス状となり，マルチバイブレータとしての働きをする．この回路は部品点数が少なく，RC の時定数により発振周波数が決まる利点があるが，周波数の精度や安定度はあまりよくない．

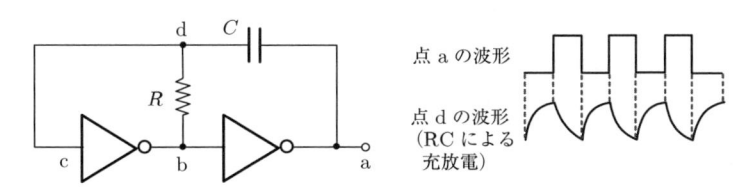

図 7.16 インバータと RC で構成したマルチバイブレータ

7.4.2 単安定マルチバイブレータ

単安定マルチバイブレータ (monostable multivibrator) は，外部からの入力に呼応して設定した時間だけパルスを出す回路であり，**モノマルチ**，**ワンショットマルチ**の略称でもよばれる．図 7.17 にパルス入出力のタイムチャートを示す．パルス幅 T は，非安定マルチバイブレータの場合と同様，デジタル IC の外付け RC により設定する．外部からの発振命令を**トリガパルス** (trigger pulse) とよび，この立上り，または立下りでパルスを発生する．出力パルスの継続時間内に次のトリガパルスが来た場合，出力を延長不可能なものと可能なもの (retriggerable) がある．この場合，新たなトリガーパルスの入った時点から，T の出力パルスが現れる．

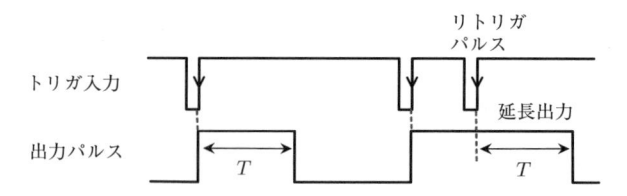

図 7.17 単安定マルチバイブレータのタイムチャート

7.5 D/A コンバータ

コンピュータからのデジタル出力を電圧などのアナログ信号に変換するためには，**D/A コンバータ** (digital to analog converter) が用いられる．なかでも電流加算型とはしご型の回路を用いたものはよく使われるので，これらの回路の動作原理を示す．

7.5.1 電流加算型 D/A コンバータ

図 7.18 に，オペアンプの加算回路を用いた**電流加算型 D/A コンバータ** (weighted-register D/A converter) を示す．4 ビット入力の状態 1 を電圧 V_i に割り当てると，回路の出力 V_o は各抵抗を通る電流の和から，

$$V_o = -\left(\frac{A}{1} + \frac{B}{2} + \frac{C}{4} + \frac{D}{8}\right) V_i \tag{7.2}$$

で表される．ここで入力を 2 進数 $ABCD$ とし，D を LSB として出力電圧の基準にとると，C, B, A 各桁の電圧出力はそれぞれ 2 倍，4 倍，8 倍の重みをもっていることがわかる．すなわち 2 進数 $ABCD$ の大小が電圧に比例して出力されるので，デジタルデータがアナログ電圧に変換されることがわかる．

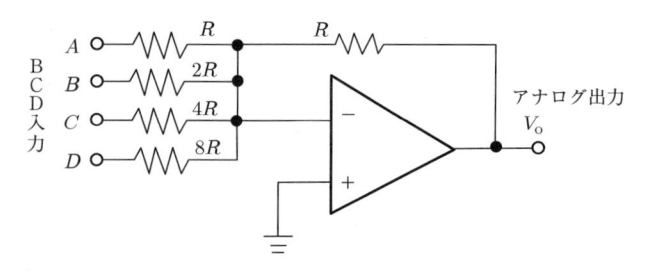

図 7.18 オペアンプによる 4 ビット電流加算型 D/A コンバータ

7.5.2 はしご型 D/A 変換器

抵抗のネットワークによる，はしご型 D/A 変換器 (binary ladder D/A converter) の原理を図 7.19 に示す．2 進数入力を $ABCD$ とし，前節と同様，状態 1 に電圧 V_i を割り当てる．このとき $ABCD$ の各桁の出力電圧は，$V_\mathrm{i}/2$, $V_\mathrm{i}/4$, $V_\mathrm{i}/8$, $V_\mathrm{i}/16$ となり，D を LSB として基準電圧にとると，各桁は 8, 4, 2, 1 の重みをもつ．

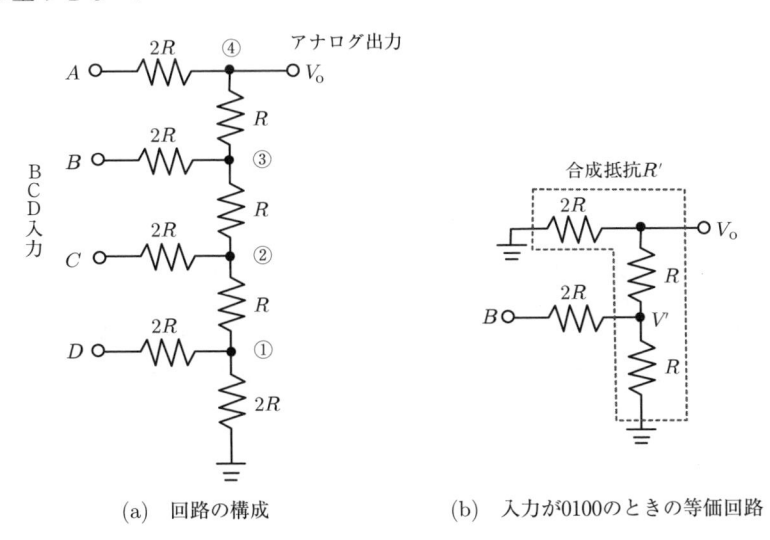

(a) 回路の構成　　(b) 入力が 0100 のときの等価回路

図 7.19　はしご型 D/A コンバータ

例題 7.3

上記の入出力関係を確認せよ．

解答　はじめに，$ABCD = 1000$ の場合について考えてみよう．入力 B, C, D は 0 なので，これらの端子はグラウンドに接地となる．図 7.19(a) 中の①より先の部分の合成抵抗は，$2R$ の並列なので，R である．次に②より下の部分の合成抵抗を考えると，縦の部分が $R + R = 2R$ となり，やはり $2R$ の並列となり，R と求まる．③以下も同様に R となり，結局，V_o 以下の合成抵抗は $2R$ となる．出力電圧は 2 本の直列抵抗 $2R$ の分圧で決まり，

$$V_\mathrm{o} = \frac{2R}{2R + 2R} V_\mathrm{i} = \frac{V_\mathrm{i}}{2} \tag{7.3}$$

となる．

次に，$ABCD = 0100$ の場合について考える．このとき，A, C, D が接地となり，前の場合と同様に②以下は R となる．回路を書き直すと図 (b) が得られる．次に点 V' の電圧を求めよう．点 V' から接地に至る 2 つのルートの合成抵抗 R' は

$$R' = \frac{1}{1/(R+2R) + 1/(2R)} = \frac{6R}{5} \tag{7.4}$$

となる．点 V' の電圧は，V_i の $2R$ と $6R/5$ による分圧で求まるから，

$$V' = \frac{6R/5}{2R + 6R/5} V_i = \frac{3R}{8} V_i \tag{7.5}$$

となる．さらに V_o は電圧 V' の R と $2R$ の分圧で求まり，最終的に

$$V_o = \frac{2R}{R+2R} V' = \frac{2}{3} \frac{3R}{8} V_i = \frac{1}{4} V_i \tag{7.6}$$

が得られる．同様の計算を $ABCD = 0010, 0001$ についても行うとそれぞれ $V_i/8$, $V_i/16$ が求まる．

7.6 A/D コンバータ

電圧や電流などのアナログ信号を 2 進数に変換し，コンピュータ内部で演算処理ができるようにするためには，アナログデータをデジタルデータに変換する **A/D コンバータ** (analog to digital converter) が用いられる．ここでは，2 種類の変換法について示す．

7.6.1 2 重積分型 A/D コンバータ

2 重積分型 A/D コンバータは，オペアンプを用いた **2 重積分器** (dual slope integrator) により，入力電圧と基準電圧を比較して A/D 変換を行う．図 7.20 にその構成図を示す．積分器のほかに，積分器出力の 0 V を検出するコンパレータ，パルス発生器とカウンタ，全体を制御する制御ロジック回路により構成されている．コンバータへの入力は，制御ロジックによりアナログ入力 V_i と基準電圧 V_{ref} に切り替えられる．

はじめに一定時間 T だけアナログ入力 V_i に接続されると，積分器により電圧が積分され，出力には負の電圧が発生する．時間 T 経過すると，入力は基準電圧側に切り替えられるとともにカウンタがリセットされ，パルス発生器の信号がカウンタで計数される．基準電圧は入力と逆極性であるので，アナログ入力の積分値を 0 方向へと戻すように作用し，t_1 時間経過すると 0 V に達する．このときコンパレータにより積分器の出力が 0 V に達したことが判定され，制

7.6 A/D コンバータ

御ロジックに伝えられるとともに，カウンタが停止される．アナログ入力が V_2 である場合，負方向への積分値が大きくなるため，基準電圧を接続して 0 V まで復帰する時間 t_2 は t_1 よりも長くかかり，カウント値も大きくなる．このようにカウンタのデータは，入力 V_i の大きさに比例した 2 進数となっており，カウンタの各桁をデジタルデータとして用いることが可能である．たとえば，V_i が 1 V でカウンタが 1000 カウントになるように A/D コンバータのゲインやタイミングを設定しておけば，アナログデータがデジタルデータに変換されることになる．

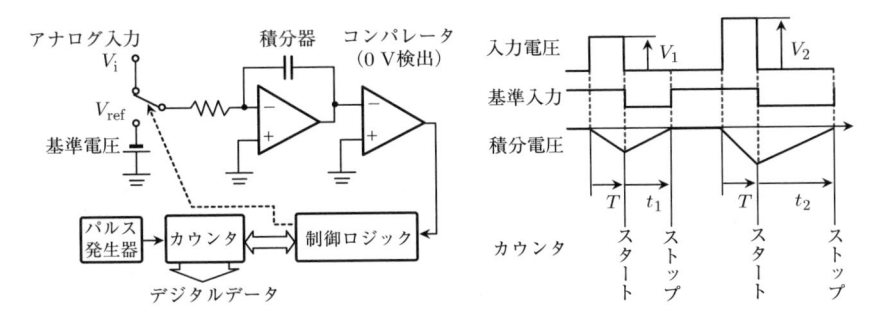

図 7.20 2 重積分型 A/D コンバータの構成

7.6.2 逐次比較型 A/D コンバータ

逐次比較型 A/D コンバータ (successive-approximation A/D converter) の構成を図 7.21 に示す．本コンバータでは，D/A コンバータを構成要素としているところが特色である．コンバータが起動されると，まずパルスカウンタのデジタル出力が D/A コンバータに入力され，アナログデータに変換される．次に，アナログデータは入力電圧 V_i とコンパレータにより比較される．カウンタの値は逐次増やされ，両者が一致するとコンパレータの出力が制御ロジックに伝わる．このときカウンタが停止され，入力のアナログ電圧と等しい電圧を発生する 2 進数データがカウンタに残る．これをデジタルデータとして使用する．D/A コンバータで発生したアナログ電圧を入力電圧と比べながら変換を行うため，逐次比較の名がつけられている．

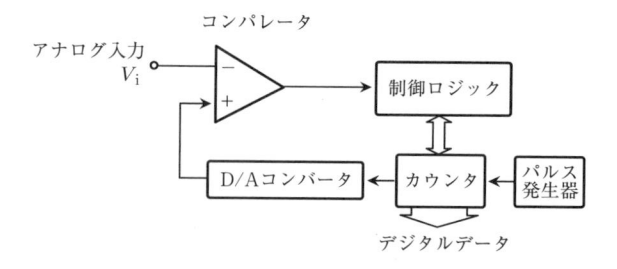

図 7.21 逐次比較型 A/D コンバータの構成

7.7 デジタル IC の実際

これまでに示してきたデジタル回路は，図 7.22 に示すようなデジタル IC (digital IC) により機能を実現することができる．デジタル IC は，単純な論理回路 (logic) 用のものから，特定の機能を有するスペシャルファンクション IC まで，さまざまな仕様のものがある．この節では，実際のデジタル IC の電気的特性，使用法などについて示す．

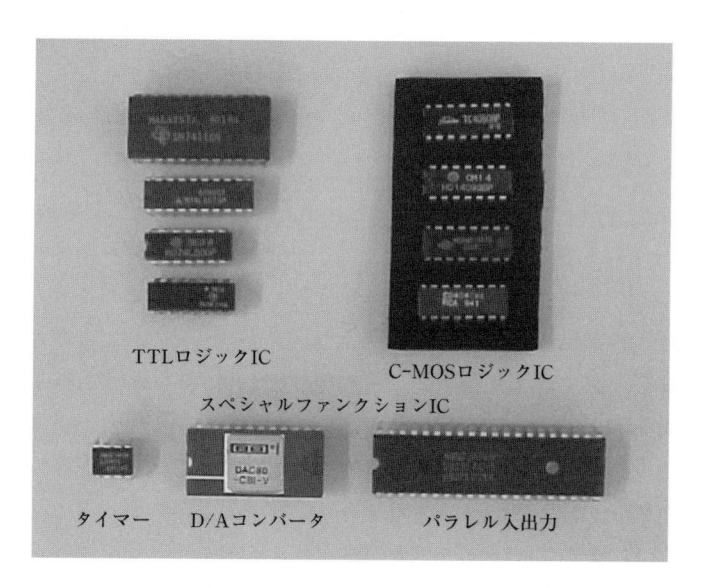

図 7.22 デジタル IC の例

7.7 デジタル IC の実際

7.7.1 TTL と C–MOS

デジタル IC は，論理演算を行うことを目的とした汎用 IC であり，トランジスタ回路により構成される **TTL** (transistor transistor logic) と，**C–MOS** (complementary MOS) 素子を用いたものに大別される．前者は TI (Texas Instruments) 社，後者は RCA 社/モトローラ社の製品がオリジナルであるが，現在では各社から互換性のあるライセンス製品 (second source；セカンドソース) や，性能向上を図ったシリーズ品が販売されている．TTL は 30 MHz 程度の高速駆動が可能で，ほとんどの論理回路機能が整っているが，電力消費が大きく，電源電圧も 5 V ± 5%の制限がある．一方，C–MOS では電力消費が極めて小さく，集積化が容易であるため，時計や電卓などの高機能品の 1 チップ化が可能である．また，電源電圧も 3〜16 V (シリーズにより異なる) と幅広い反面，通常品で動作速度が 1 MHz 程度と遅い欠点がある．それぞれのデジタル IC で規定する論理 0 と 1 の範囲は同一でなく，図 7.23 に示すように異なっている．

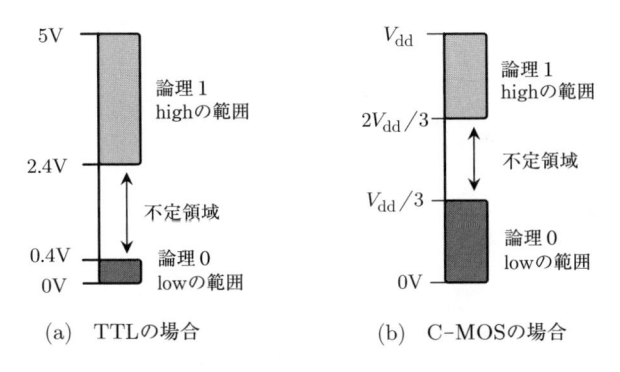

(a) TTL の場合　　(b) C–MOS の場合

図 7.23 デジタル IC の論理状態規定

7.7.2 入出力の電気的仕様

デジタル IC の入出力の論理を図 7.23 に示した条件に合致させるためには，それぞれの電気的な仕様を満たす必要がある．以下，TTL および C–MOS についての条件を示す．

（1）TTL の入出力特性

TTL ロジックの代表例として，図 7.24 に NAND ゲート SN7400 の内部回路を示す．入力 A, B は，複数のエミッタをもつ**マルチエミッタトランジスタ** Tr_1 に接続されている．このため，入力ピンが電源やグラウンドに接続されていない場合 (オープン) は，常に high (論理 1) として扱うことができる．2 つのピンがオープンまたは high に接続されているとき Tr_1 はオフであるが，ベース–コレクタの pn 接合は順バイアスであるため，Tr_2 に向けてわずかなベース電流が流れ，Tr_2 はオンとなる．これより R_2 に電圧降下が生じ，Tr_3 のベース・エミッタ間電圧 V_{be} が 0.7 V 以下となってオフとなる (p.84 参照)．同時に Tr_4 にはベース電流が流れオンとなるため，出力 Y はグラウンドに接続されて low レベルとなる．一方，A, B のどちらかまたは両方が low に接続されたときは，Tr_1 はオンとなり，コレクタは Tr_2 のベース電流を流さないように働く (ベース電流を吸い出す) ため，Tr_2 はオフとなる．この結果，Tr_4 はベース電流が流れずオフ，Tr_3 には R_2 を通じてベース電流が流れるためオンとなり，出力 Y は電源に接続され high となる．Tr_3, Tr_4 のように，直列に接続した 2 つのトランジスタを排他的にオン・オフする回路は，**トーテムポール** (totem pole) 型回路とよばれ，Tr_3 をプルアップトランジスタ，Tr_4 をプルダウントランジスタという．

このように，TTL の入力ピンを low にするためには，トランジスタからエミッタ電流を吸い出す必要があり，その値はノーマル品 (7400 N，以下同様) で 1.6 mA と規定されている．また high の場合は，わずかであるが 40 μA の電流

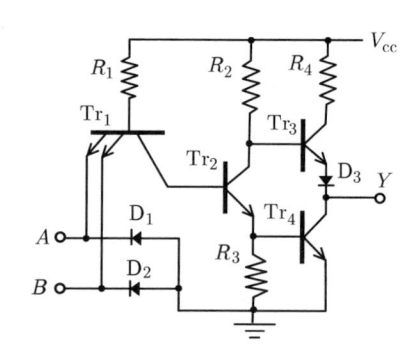

図 7.24　SN7400 NAND ゲートの内部回路

が流れ込む．未使用の入力ピンは，ノイズなどによる誤動作の可能性を少なくするため，電源電圧に接続して high にしておくことが望ましい．一方，出力ピンは，high の場合 0.4 mA の電流を流し出せるのに対し，low では 16 mA の電流を流し込むことが可能である．

一般にデジタル回路の出力は，多数の回路の入力として使用される場合が多い．TTL では出力ピン 1 本あたり，入力ピン 10 本分の信号を接続することが可能である (∵ 出力ピン流し込み電流/入力ピン流し出し電流 = 16 mA/1.6 mA = 10)．このように，次段に接続できる回路の数を**ファンアウト** (fan out) 数といい，TTL の場合，シリーズにかかわらず 10 程度である．

（2） C–MOS の入出力特性

C–MOS デジタル回路は，エンハンスメント型の MOS–FET を**相補的** (complementary) に組み合わせたもので，図 7.25 のように p チャネルと n チャネル FET が対になって，トーテムポール型回路を構成している．回路の動作はスイッチに置き換えて考えることができ，図の例では入力 A に従って 2 つの FET スイッチが排他的に切り替わり，$Y = \overline{A}$ が出力されるインバータ回路を構成している．TTL と異なり抵抗などが存在せず，回路構成が簡単である．また，入力が FET のゲートであるため入力インピーダンスが高く，入力ピンの電流 (1 μA 以下) は事実上無視可能である．一方，出力ピンに流せる電流は 6.8 mA (電源 15 V のとき) と規定されている．

入力インピーダンスが高いという特性は，静電気などのスパイク状の電圧が加わると静電破壊を起こすことにつながるため，C–MOS 素子の保存には導電

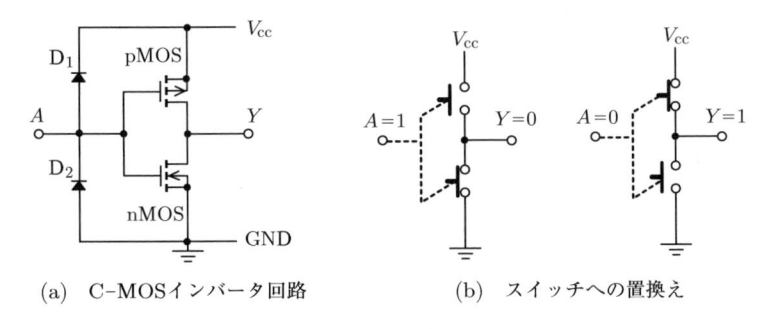

(a) C-MOS インバータ回路　　(b) スイッチへの置換え

図 7.25　4000 シリーズのインバータ内部回路と動作原理

性スポンジやアルミ箔で包み，ピンを電気的に保護することが必要である．また使用時にはピンをオープン状態にすると論理が不安定になるので，使用しないピンはすべて電源電圧かグラウンドに接続する．

演習問題 7

7.1 図 7.11 と同様の回路により，12 進非同期カウンタを構成せよ．

7.2 10 進カウンタ用 TTL–SN7490 と，7 セグメント LED ドライバ SN7447 を用いて，10 進カウンタを構成し，そのカウント状態が LED に表示される回路を構成せよ．各々の IC の入出力は以下のとおりとする．

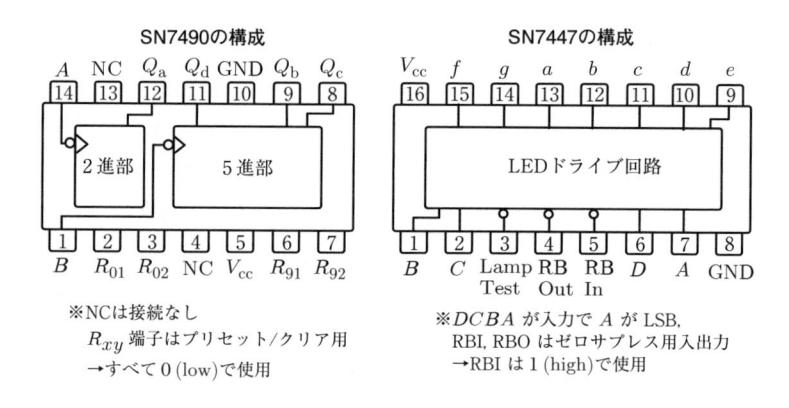

SN7490 の構成

14: A, 13: NC, 12: Q_a, 11: Q_d, 10: GND, 9: Q_b, 8: Q_c
1: B, 2: R_{01}, 3: R_{02}, 4: NC, 5: V_{cc}, 6: R_{91}, 7: R_{92}

2進部 / 5進部

※NC は接続なし
R_{xy} 端子はプリセット/クリア用
→すべて 0 (low) で使用

SN7447 の構成

16: V_{cc}, 15: f, 14: g, 13: a, 12: b, 11: c, 10: d, 9: e
1: B, 2: C, 3: Lamp Test, 4: RB Out, 5: RB In, 6: D, 7: A, 8: GND

LED ドライブ回路

※$DCBA$ が入力で A が LSB，
RBI, RBO はゼロサプレス用入出力
→RBI は 1 (high) で使用

7.3 A/D コンバータにより得られるデジタルデータは，実際のアナログデータと比較してどのような性質があるかを示せ．

8 メカトロニクス制御の理論

　メカトロニクス機器を随意に動かすためには，電子回路やパソコンなどを用いて機器類を制御する必要がある．簡単な動作を繰り返し行うシーケンス制御系や，フィードバック制御系を用いてサーボ機構を構成するなど，さまざまな手法が用いられる．そこで本章ではメカトロニクス機器制御に用いられる，シーケンス制御やフィードバック制御系の特徴および理論について述べる．フィードバック制御系については，過渡応答の解析手法としてラプラス変換を用いる方法を示すとともに，モータの駆動系について初歩的な応用を示す．

8.1 シーケンス制御

　シーケンス制御は，ある順番 (sequence) に従って機器類を繰り返し動作させる制御手法で，エレベータや交通信号などにその典型をみることができる．また，工場の自動生産設備などでも随所に用いられている技術である．

8.1.1 状態遷移図

　シーケンス制御では，ある入力がシステムに加わることにより，現在の状態から次の状態に移り変わる．これを図式的に表現したものは**状態遷移図** (state transition diagram) とよばれ，図 8.1 のように表される．ここで○はノード (node；節) といい状態を表し，→は**ブランチ** (branch；枝) といい遷移の向きを表す．ノード内には状態を表す状態変数 y を書き入れ，ノードの横には遷移に必要な入力/出力$=x/z$ を記入する．

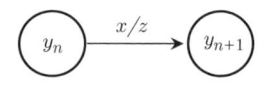

図 8.1 状態遷移図の要素

通常，状態変数は，フリップフロップなどの出力を組み合わせることにより実現する．このときの論理回路は，特に**順序回路** (sequential circuit) とよばれている．以下，具体例を示す．

例題 8.1

入力パルス x が入るごとに，モータの回転が正転→停止→逆転→停止のような間欠駆動を繰り返すシーケンス制御を行いたい．このときの状態遷移図を示すとともに，T–FF を用いた回路で順序回路を実現せよ．

解答 3つの状態変数 y_1, y_2, y_3 をとり，y_1 を正転，y_2 を停止，y_3 を逆転に割り当てる．また出力 z は，$z_1 z_2$ の2ビットとし，$z_1 = 0$ でモータ off，$z_1 = 1$ でモータ on，$z_2 = 0$ で正転，$z_2 = 1$ で逆転とする．これをもとに，題意を満たす状態遷移図を描くと，図

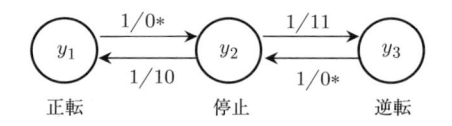

図 8.2 モータ間欠駆動の状態遷移図

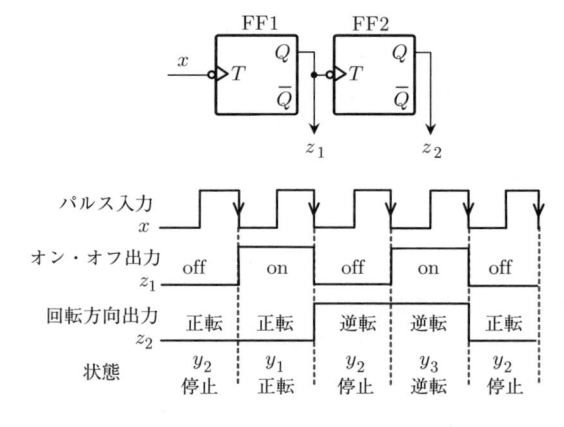

図 8.3 クロック入力によるモータ間欠正逆回転駆動の順序回路

8.1 シーケンス制御

8.2 となる.なお,z_2 に * 印があるが,これはモータが駆動されないとき ($z_1 = 0$),回転方向の出力は意味をもたないため,1 または 0 のどちらでもよいことを意味する.このような状態を "**don't care**" という.

次に,T–FF を用いた順序回路を構成する.y の状態が 3 つであることから,2 ビット (4 状態が可能) あればよいことがわかる.そこで図 8.3 のように,2 つの T–FF を直列に接続し 2 ビットのカウンタを構成する.このとき T–FF のタイムチャートの様子をみると,FF でのカウントが進むにつれ,3 つの状態が実現されていることがわかる.すなわち,y_1:正転 (10) → y_2:停止 (01) → y_3:逆転 (11) → y_2:停止 (00) が繰り返される.ここで,モータ停止時の出力には don't care を用いて $z_1 z_2 = 00$ および 01 を割り当てているため,y_2 の出力は 2 通り存在するが,モータ駆動への影響はない.このように FF を用いると,状態 y と出力 z を単純な回路素子で実現することができる.

8.1.2 シーケンス制御系の入力とインターロック

前節で例示したシーケンス制御系では,クロックの入力のみで状態が遷移するものであった.実際のシーケンス制御系では,状態遷移を起こすきっかけとなる信号はさまざまで,リミットスイッチなどでの位置検出信号,温度,圧力,液面などを測定するセンサからの信号など各種のものがあり得る.シーケンス制御系では,これらはすべて設定値に達したかどうかを判断する 2 値的なデジタル信号であり,現在の位置や温度などといった連続的な情報を用いることはできず,制御の内容も繰り返しなどの単純なものが主流である.

このような動作を確実に行うため,入力信号や操作信号に関して論理演算を施し,誤操作や誤動作を防止する.これを**インターロック** (interlock) という.たとえば図 8.4 のようなテーブル送り機構において,送り限度に設置するリミットスイッチ (LSW) が,ふだんは論理 1 を示し,テーブルが接触すると 0 になるように設定する.これとモータ駆動命令との AND をとると,リミットスイッチが働いている間は送り限度以上に駆動指令を出すことができず,機械的な破壊を防止することが可能である.

このようなシーケンス制御系のコントローラは,古くはリレーを用いた回路により構成され,トランジスタによる無接点化をへて,専用のシーケンサが開発されてきた.今日では,マイクロコンピュータに各種インターフェースを備えて構成する手法が多く用いられている.

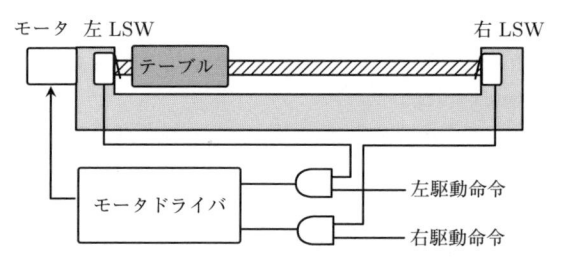

図 8.4 テーブル送り機構とインターロック

8.2 フィードバック制御系

シーケンス制御では，制御する値が設定値に達したか否かをデジタル的に判断し，制御を段階的に進める手法であった．これに対して**フィードバック制御系** (feedback control system) では，**目標値** (reference input) に**制御量** (controlled variable) を追従させるため，目標値と制御量の比較を常時行い，2つを一致させるような動作を行う．たとえば前ページに示したテーブル送り機構で，特定の位置でテーブルを位置決めしたい場合，図 8.5 に示すようなフィードバック制御系を構成する．

ここでは目標値が与えられると現在の位置と比較され，差分が調節部の入力となり，ここでゲインなどの調整を受けた後，モータドライバに入力される．ドライバはモータを駆動し，テーブルが移動すると，センサにより制御量である位置が測定され，逆向きの経路を通って，比較部により目標値と比較される．このような動作は目標値とフィードバック値の差分が 0 になるまで続けられ，最終的な目標値に到達する．フィードバック制御系は，信号の流れが閉じたループ状の構造をしているため，**閉ループ制御系** (closed-loop control system) ともよばれる．一方，ステップモータのように，入力に対する移動量が決まっ

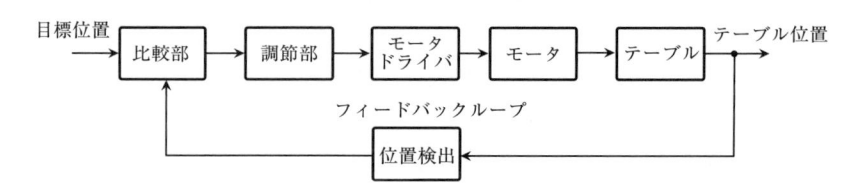

図 8.5 テーブル位置決めフィードバック制御系

8.2 フィードバック制御系

ていてフィードバックの必要がない系は，**開ループ制御系** (open-loop control system) とよぶ．

8.2.1 ブロック線図

制御系を記述するためには，**ブロック線図** (block diagram) を用いると便利である．これにより，システム全体，および部分的な信号の流れや要素の特性が視覚的に理解できる．

（1） ブロックと入出力信号

ブロック線図では，要素を図 8.6 のような四角い箱 (block；**ブロック**) で表し，入出力信号を矢印で表す．また入出力間の関係は，**伝達関数** (transfer function) で表され，ブロックの中に関数の記号を書き入れる．このとき

$$y = Gx$$

の関係が成立する．

図 8.6 ブロックと入出力

（2） 加算点と分岐点

図 8.7 は，ブロック線図で用いる信号の加算と分岐を示す記号である．**加算点** (または加え合わせ点) は，複数の信号を加算または減算して出力するもので，加減算は信号に + または − の符号をつけて表現する．

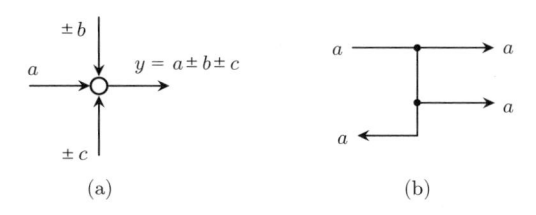

図 8.7 加算点 (a) と分岐点 (b)

分岐点(または引出し点)は，同じ信号を複数の場所に分配するために用いる．

(3) ブロック線図の直列，並列接続

ブロック線図の直列，並列接続は，図 8.8 に示すように，それぞれ積，和の形で表される．

$$y = G_1 G_2 x \tag{8.1}$$

$$y = (G_1 + G_2)x \tag{8.2}$$

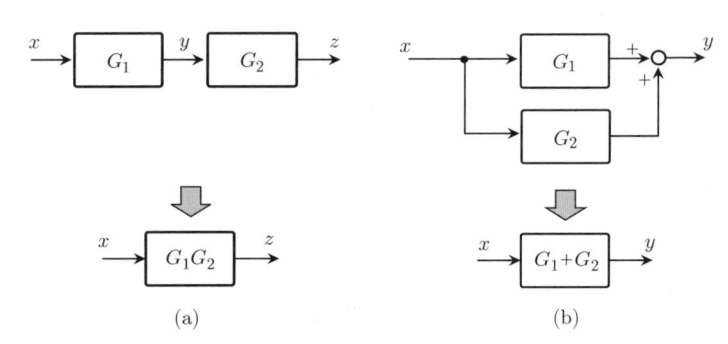

図 8.8 ブロックの直列 (a) と並列接続 (b)

8.2.2 フィードバック接続

図 8.9 のようなフィードバック制御系の伝達関数を考えてみよう．加算点まわりの信号と，G, H の入出力の関係は

$$\begin{cases} e = x - z \\ y = Ge \\ z = Hy \end{cases} \tag{8.3}$$

の 3 式により表される．これより e, z を消去すると，

$$x = \frac{G}{1+GH} y \tag{8.4}$$

が成り立つ．ここで，伝達関数 GH のことを**一巡伝達関数** (loop transfer function)，または**開ループ伝達関数** (open-loop transfer function) という．ま

た，式 (8.4) のようなひとまとめにした伝達関数 $G/(1+GH)$ を，**閉ループ伝達関数** (closed-loop transfer function) とよぶ．

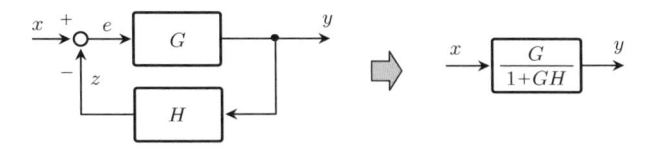

図 8.9 フィードバック接続のブロック図

8.3 伝 達 関 数

これまで制御系のブロック図を描いてきたが，ブロックの中の伝達関数とはどのようなものであろうか．そこで，システムの入出力の数学的な記述法について考えよう．

8.3.1 入出力の数学的記述

図 8.10 に示すように，時刻 0 から始まり高さが 1 の入力 $u(t)$ を**ステップ関数**，または**単位階段関数** (unit step function) とよぶ．ステップ関数がシステムに入力されると，そのシステムに特有の応答波形 $f(t)$ が現れ，これを**ステップ応答** (step response) または**インディシャル応答** (indicial response) といい [1]，時間領域におけるシステムの応答を評価する重要な特性である．

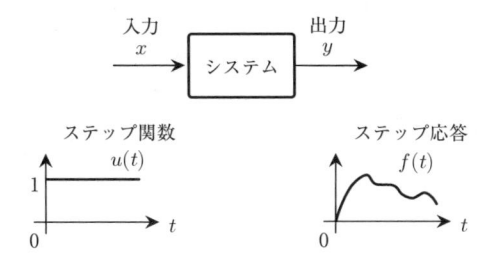

図 8.10 ステップ応答

---

[1] 本来，ステップ入力の大きさが 1 の場合をインディシャル応答，1 でない場合をステップ応答とよぶが，どちらも単にステップ応答ということが多い．

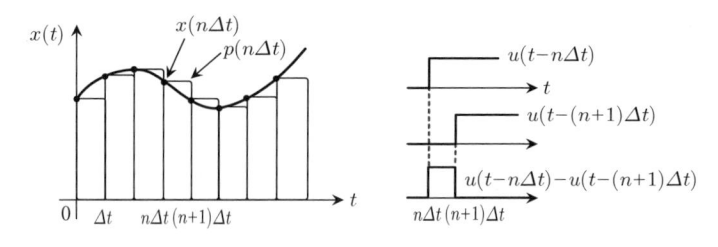

図 8.11 一般入力の短冊形近似

次に，一般の入力 $x(t)$ が，システムに入力されたときの出力について考えてみよう．入力信号を図 8.11 のように Δt ごとの短冊状に区切って考える．ある時点 $n\Delta t$ における入力を $x(n\Delta t)$ とすると，短冊状の部分 $p(n\Delta t)$ は，高さが 1 の短冊状関数 $u(t-n\Delta t) - u(t-(n+1)\Delta t)$ と入力 $x(n\Delta t)$ の積で表され，

$$p(n\Delta t) = \{u(t-n\Delta t) - u(t-(n+1)\Delta t)\}x(n\Delta t)$$

と書くことができる．時刻 t までの入力信号 $x(t)$ は，$p(n\Delta t)$ を 0 から t まで積算し，$\Delta t \to 0$ としたときの極限で表され，

$$\begin{aligned}
x(t) &= \lim_{\Delta t \to 0} \sum_{n=0}^{t/\Delta t} p(n\Delta t) \\
&= \lim_{\Delta t \to 0} \sum_{n=0}^{t/\Delta t} \{u(t-n\Delta t) - u(t-(n+1)\Delta t)\}x(n\Delta t) \quad (8.5)
\end{aligned}$$

となる．

この考え方をシステムの出力 $y(t)$ に対しても適用し，ステップ応答 $f(t)$ を用いて出力 $y(t)$ を記述すると，

$$\begin{aligned}
y(t) &= \lim_{\Delta t \to 0} \sum_{n=0}^{t/\Delta t} \{f(t-n\Delta t) - f(t-(n+1)\Delta t)\}x(n\Delta t) \\
&= \lim_{\Delta t \to 0} \sum_{n=0}^{t/\Delta t} \frac{f(t-n\Delta t) - f(t-(n+1)\Delta t)}{\Delta t} x(n\Delta t)\Delta t \\
&= -\int_0^t \frac{df(t-\tau)}{d\tau} x(\tau) d\tau \\
&= \int_0^t \frac{df(\tau)}{d\tau} x(t-\tau) d\tau \quad (8.6)
\end{aligned}$$

8.3 伝達関数

のように書くことができる．ここで $df(\tau)/d\tau = g(\tau)$ とおくと，式 (8.6) は

$$y(t) = \int_0^t g(\tau)x(t-\tau)d\tau = g*x \tag{8.7}$$

となる．$g(t)$ は**インパルス応答** (impulse response) とよばれ，入力が δ 関数のときのシステムの応答を表す．また，式 (8.7) で表される積分は，**畳込み積分** (convolution；コンボリューション) とよばれ，記号 $*$ で表される．

8.3.2 ラプラス変換

伝達関数を記述するためには，時間関数 $f(t)$ そのものではなく，$f(t)$ の**ラプラス変換** (Laplace transform) が用いられる．ある関数 $f(t)$ が $t \geqq 0$ で定義され，

$$\int_0^\infty |f(t)e^\sigma|dt < \infty$$

が実数 σ について成り立つとき，

$$F(s) = \int_0^\infty f(t)e^{-st}dt = \mathfrak{L}[f(t)] \tag{8.8}$$

を $f(t)$ のラプラス変換とよび，$\mathfrak{L}[f(t)]$ で表す．ここで s は複素数 $s = \sigma + j\omega$ とする．すなわちラプラス変換は，時間関数を複素数面上に変換する数学的な操作ということができる．一方，逆変換は，

$$f(t) = \frac{1}{2\pi j}\int_{\sigma-j\infty}^{\sigma+j\infty} F(s)e^{st}ds = \mathfrak{L}^{-1}[F(s)] \tag{8.9}$$

で定義される．

制御理論においては，伝達関数はラプラス変換の形式で表される．これは，式 (8.7) の畳込み積分が，ラプラス変換を用いると単純な積で表現されることによる．すなわち，式 (8.7) の両辺をラプラス変換すると，

$$\begin{aligned}Y(s) &= \int_0^\infty e^{-st}\left\{\int_0^t g(\tau)x(t-\tau)d\tau\right\}dt \\ &= \int_0^\infty g(\tau)e^{-s\tau}\left\{\int_\tau^\infty x(t-\tau)e^{-s(t-\tau)}dt\right\}d\tau \\ &= \int_0^\infty g(\tau)e^{-s\tau}d\tau \int_0^\infty x(\sigma)e^{-s\sigma}d\sigma \quad (\because t-\tau = \sigma) \\ &= G(s)X(s) \end{aligned} \tag{8.10}$$

表 8.1 ラプラス変換の定理・公式

内　容	t 領域	s 領域
線形性	$\alpha f_1(t) + \beta f_2(t)$	$\alpha F_1(s) + \beta F_2(s)$
t 領域の微分	$\dfrac{df(t)}{dt}$	$sF(s) - f(0)$
t 領域の積分	$\displaystyle\int_0^t f(\tau)d\tau$	$\dfrac{1}{s}F(s)$
t 領域の n 次微分	$\dfrac{d^n f(t)}{dt^n}$	$s^n F(s) - \displaystyle\sum_{k=1}^{n} s^{k-1} f^{(n-k)}(0)$ *1
t 領域の n 回積分	$\overbrace{\displaystyle\int \cdots \int_0^t}^{n} f(\tau)(d\tau)^n$	$\dfrac{1}{s^n}F(s) + \displaystyle\sum_{k=1}^{n} \dfrac{f^{(-k)}(0)}{s^{n-k+1}}$
t 領域での推移	$f(t-a)$	$e^{-as}F(s)$
s 領域での微分	$tf(t)$	$-\dfrac{dF(s)}{ds}$
s 領域での積分	$\dfrac{f(t)}{t}$	$\displaystyle\int_s^\infty F(s)ds$
s 領域での推移	$e^{\mp at}f(t)$	$F(s \pm a)$
最終値定理	$\displaystyle\lim_{t\to\infty} f(t)$	$\displaystyle\lim_{s\to 0} sF(s)$
初期値定理	$\displaystyle\lim_{t\to 0} f(t)$	$\displaystyle\lim_{s\to\infty} sF(s)$
畳込み積分	$\displaystyle\int_0^t f(\tau)g(t-\tau)d\tau$	$F(s) \cdot G(s)$

*1　$f^{(k)}(0)$ は $f(t)$ の k 次導関数の $t=0$ における値.

8.3 伝達関数

表 8.2 主な関数のラプラス変換表

No.	$f(t)$	$F(s)$
1	デルタ関数 $\delta(t)$	1
2	単位階段関数 $u(t)$	$\dfrac{1}{s}$
3	t^n, n は正の整数	$\dfrac{n!}{s^{n+1}}$
4	e^{-at}	$\dfrac{1}{s+a}$
5	$t^n e^{-at}$	$\dfrac{n!}{(s+a)^{n+1}}$
6	$\dfrac{1}{b-a}(e^{-at} - e^{-bt})$ $(a \neq b)$	$\dfrac{1}{(s+a)(s+b)}$
7	$\dfrac{1}{b-a}(be^{-bt} - ae^{-at})$ $(a \neq b)$	$\dfrac{s}{(s+a)(s+b)}$
8	$\dfrac{1}{a^2}\{1 - (1+at)e^{-at}\}$	$\dfrac{1}{s(s+a)^2}$
9	$\sin \omega t$	$\dfrac{\omega}{s^2 + \omega^2}$
10	$\cos \omega t$	$\dfrac{s}{s^2 + \omega^2}$
11	$e^{at} \sin(\omega t + \phi)$	$\dfrac{\omega \cos\phi + (s-a)\sin\phi}{(s-a)^2 + \omega^2}$
12	$e^{at} \cos(\omega t + \phi)$	$\dfrac{(s-a)\cos\phi - \omega \sin\phi}{(s-a)^2 + \omega^2}$
13	$\dfrac{\omega_n}{\sqrt{1-\zeta^2}} e^{-\zeta \omega_n t} \sin \omega_n \sqrt{1-\zeta^2}\, t$ $(\zeta < 1)$	$\dfrac{\omega_n^2}{s^2 + 2\zeta\omega_n s + \omega_n^2}$
14	$1 - \dfrac{1}{\sqrt{1-\zeta^2}} e^{-\zeta\omega_n t} \sin(\omega_n \sqrt{1-\zeta^2}\,t + \phi)$ $\phi = \cos^{-1}\zeta$ $(\zeta < 1)$	$\dfrac{\omega_n^2}{s(s^2 + 2\zeta\omega_n s + \omega_n^2)}$
15	$t - \dfrac{2\zeta}{\omega_n} + \dfrac{1}{\omega_n^2 \sqrt{1-\zeta^2}} e^{-\zeta\omega_n t} \sin(\omega_n \sqrt{1-\zeta^2}\,t + \phi)$ $\phi = \cos^{-1}(2\zeta^2 - 1)$ $(\zeta < 1)$	$\dfrac{\omega_n^2}{s^2(s^2 + 2\zeta\omega_n s + \omega_n^2)}$

となり，伝達関数の計算が非常に簡単になることがわかる．

ラプラス変換には表 8.1 に示すようなさまざまの性質，変換の相互関係がある．また，制御理論においては変換表 8.2 を用いての演算がほとんどで，式 (8.8) の定義を用いて，実際にラプラス変換を行うことはまれである．

一方，ラプラス変換は時間領域の線形微分方程式を解く手法としても大変有用である．すなわち，時間関数をラプラス変換すると，伝達関数の計算が単純な加減乗除により行うことが可能となり，逆変換により時間領域の応答を求めることができる．これは微分方程式を直接解く場合に比べて，利便性が格段に向上する手法である．

例題 8.2

図 4.13(a) の RC 回路の伝達関数と，ステップ応答を求めよ．

解答　回路の入力電圧 $v_\mathrm{i}(t)$，出力電圧 $v_\mathrm{o}(t)$，回路電流 $i(t)$ とすると，

$$\begin{cases} v_\mathrm{i}(t) = Ri(t) + v_\mathrm{o}(t) \\ i(t) = C\dfrac{dv_\mathrm{o}(t)}{dt} \end{cases} \tag{8.11}$$

が成り立つ．各式をラプラス変換すれば，

$$\begin{cases} V_\mathrm{i}(s) = RI(s) + V_\mathrm{o}(s) \\ I(s) = CsV_\mathrm{o}(s) \end{cases} \tag{8.12}$$

となる．これより $I(s)$ を消去して，

$$\frac{V_\mathrm{o}(s)}{V_\mathrm{i}(s)} = \frac{1}{1 + RCs} = G(s) \tag{8.13}$$

が得られる．このように，伝達関数が $1/(1+Ts)$ の形で表される要素は**一次遅れ系** (first order system) とよばれ，制御工学では重要な応答である．

次に，ステップ応答 $v_\mathrm{o}(t)$ を求めると，$\mathfrak{L}[u(t)] = U(s) = 1/s$ より，

$$\begin{aligned} v_\mathrm{o}(t) &= \mathfrak{L}^{-1}[G(s)U(s)] \\ &= \mathfrak{L}^{-1}\left[\frac{1}{1+RCs}\frac{1}{s}\right] = \mathfrak{L}^{-1}\left[\frac{1}{s} - \frac{RC}{1+RCs}\right] \\ &= \mathfrak{L}^{-1}\left[\frac{1}{s}\right] - \mathfrak{L}^{-1}\left[\frac{1}{s+\frac{1}{RC}}\right] \\ &= 1 - e^{-\frac{t}{RC}} \end{aligned} \tag{8.14}$$

が求められる．これは式 (4.25) の結果にほかならず，単純な計算で伝達関数や応答が求められることがわかる．

8.4 直流モータのフィードバック制御系

8.4.1 モータの伝達関数

図 8.12 に示す直流モータのモデルで，入力電圧 v から出力角度 θ までの伝達関数 $G_m(s)$ を考えてみよう．

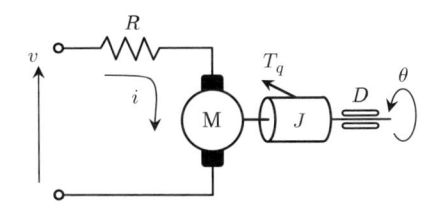

図 8.12 直流モータのモデル

モータのインダクタンスは十分小さいとして無視できるものとし，ロータの抵抗分を R とする．モータは回転中，角速度に比例する**逆起電力** (counterelectromotive force) を発生するので，比例定数を K_e とすると，モータ電気回路では次式が成り立つ．

$$v = Ri + K_e \frac{d\theta}{dt} \tag{8.15}$$

このときモータには，電流 i に比例するトルク T_q が発生するので，比例定数を K_t とすると，

$$T_q = K_t i \tag{8.16}$$

となる．次に，ロータの慣性モーメントを J，角速度に比例する減衰係数を D とすると，回転に関する運動方程式は，

$$J \frac{d^2\theta}{dt^2} + D \frac{d\theta}{dt} = T_q = K_t i \tag{8.17}$$

と表すことができる．これらをラプラス変換すると

$$V(s) = RI(s) + K_e s \Theta(s)$$

$$Js^2 \Theta(s) + Ds \Theta(s) = K_t I(s)$$

となる．2 式より $I(s)$ を消去して整理すると，

$$\frac{\Theta(s)}{V(s)} = G_m(s) = \frac{K_t}{s(JRs + DR + K_t K_e)} = \frac{1}{s} \cdot \frac{K}{1 + sT} \tag{8.18}$$

が得られる．ここで，$K = K_t/(DR + K_tK_e)$，$T = JR/(DR + K_tK_e)$ である．このように，モータの伝達関数は，$1/s$ と 1 次遅れの積で表されることがわかる．

8.4.2 モータ回転角のフィードバック制御系

モータの回転角を任意に決めるためのフィードバック制御系を構成してみよう．ここでは図 8.13 に示すように，モータ回転角 θ をロータリーエンコーダなどによりフィードバックし，加算点において目標角度入力 θ_r と比較する．モータの入力は電圧であるため，角度を電圧に変換して入力する必要がある．そこで通常，信号の変換や比較の機能をあわせもつ**コントローラ** (controller) が用いられる．ここでは，ゲインが K_c の単純な**比例制御** (proportional control) のコントローラとする．

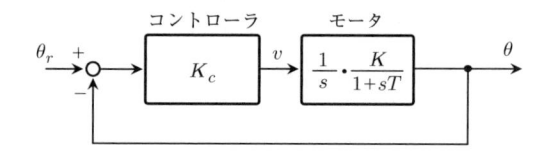

図 8.13 直流モータのフィードバック制御系ブロック線図

ブロック図に従い，角度入力 θ_r から角度出力 θ までの伝達関数 $G(s)$ を計算すると，

$$G(s) = \frac{K_c \frac{1}{s} \frac{K}{1+sT}}{1 + K_c \frac{1}{s} \frac{K}{1+sT}} = \frac{K_cK}{s^2T + s + K_cK} \tag{8.19}$$

が得られる．

一般に $\omega_n^2/(s^2 + 2\zeta\omega_n s + \omega_n^2)$ の形で書かれる伝達関数は **2 次系** (second order system) とよばれ，前に示した 1 次遅れ系と同様に重要な形式である．式 (8.19) の場合，

$$\begin{cases} \omega_n = \sqrt{\dfrac{K_cK}{T}} \\ \zeta = \dfrac{1}{2\sqrt{K_cKT}} \end{cases} \tag{8.20}$$

とすると，2 次系になっていることがわかる．

8.4 直流モータのフィードバック制御系

8.4.3 ステップ応答

回転角度のフィードバック制御系に，ステップ入力 $U(s)$ が加わったときの応答を求めてみよう．このときの応答 $\Theta(s)$ は

$$\Theta(s) = G(S)U(S) = \frac{\omega_n^2}{s^2 + 2\zeta\omega_n s + \omega_n^2} \frac{1}{s} \tag{8.21}$$

で表される．この式は ζ の値により，次のように異なる解をもつ．

1) $|\zeta| > 1$ のとき

式 (8.21) の分母は，実数の解 a, b

$$a, b = \omega_n(-\zeta \pm \sqrt{\zeta^2 - 1})$$

をもつため，以下のように因数分解できる．

$$\begin{aligned}\Theta(s) &= \frac{\omega_n^2}{s^2 + 2\zeta\omega_n s + \omega_n^2} \cdot \frac{1}{s} \\ &= \frac{ab}{(s-a)(s-b)}\frac{1}{s} \\ &= \frac{1}{s} + \frac{b}{a-b} \cdot \frac{1}{(s-a)} + \frac{a}{b-a} \cdot \frac{1}{(s-b)}\end{aligned} \tag{8.22}$$

これをラプラス変換表 8.2 の No.2 と 4 を用いて逆変換すると，

$$\begin{aligned}\theta(t) &= \mathfrak{L}^{-1}[\Theta(s)] \\ &= 1 + \frac{b}{a-b}e^{at} + \frac{a}{b-a}e^{bt} \quad (t \geqq 0) \\ &= 1 - \frac{\zeta + \sqrt{\zeta^2-1}}{2\sqrt{\zeta^2-1}}e^{(-\zeta+\sqrt{\zeta^2-1})\omega_n t} + \frac{\zeta - \sqrt{\zeta^2-1}}{2\sqrt{\zeta^2-1}}e^{(-\zeta-\sqrt{\zeta^2-1})\omega_n t}\end{aligned} \tag{8.23}$$

が得られる．

2) $\zeta = 1$ のとき

式 (8.21) は

$$\begin{aligned}\Theta(s) &= \frac{\omega_n^2}{s^2 + 2\omega_n s + \omega_n^2} \cdot \frac{1}{s} \\ &= \frac{\omega_n^2}{(s+\omega_n)^2}\frac{1}{s}\end{aligned} \tag{8.24}$$

と書き表される．これとラプラス変換表の No.8 を用いて

$$\theta(t) = 1 - (1 + \omega_n t)e^{-\omega_n t} \tag{8.25}$$

が得られる．

3)　$|\zeta| < 1$ のとき

式 (8.21) の分母は共役複素数の解をもつ．このときの $\theta(t)$ は，ラプラス変換表の No.14 を用いて，

$$\begin{cases} \theta(t) = 1 - \dfrac{1}{\sqrt{1-\zeta^2}} e^{-\zeta\omega_n t} \sin(\omega_n \sqrt{1-\zeta^2}\, t + \phi) \\ \phi = \cos^{-1} \zeta \end{cases} \tag{8.26}$$

となる．

このように ζ の絶対値により時間応答の形状が変わるが，さらに注意すべき点は $\zeta < 0$ であると，式 (8.23)，(8.26) の応答の両者とも指数関数項が時間とともに発散し，不安定となることである．すなわち，ステップ入力に従って目標値に収束するのは，$\zeta > 0$ の場合に限られる．

ζ を変化させたときのステップ応答の様子をプロットしたものが，図 8.14 である．以上のことがらをまとめると，

・$0 < \zeta \leqq 1$ のとき，減衰振動しながら目標値に漸近

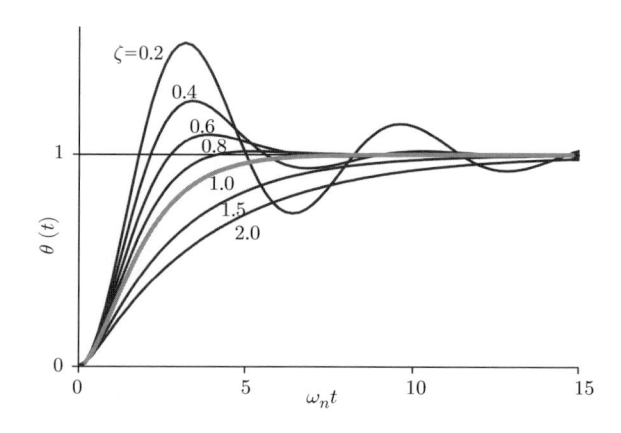

図 8.14　ζ によるステップ応答の変化

8.4 直流モータのフィードバック制御系

- $\zeta \geqq 1$ のとき，目標値 $(= 1)$ に対して単調に減衰しながら漸近
- $\zeta \leqq 0$ のとき，応答は不安定 (時間とともに発散)

という性質があることがわかる．

このように ζ は応答の減衰の性質を支配するので，**減衰係数** (damping constant) とよばれる．また，$\zeta = 1$ のときは応答が振動と単調減衰の境界であるので，**臨界制動** (critical damping) という．一方，ω_n は振動の速さに関するパラメータで，系の**固有角周波数** (natural undamped frequency) といい，この値が大きいほど速い周期で減衰振動を行う．ω_n, ζ は式 (8.20) により決まるので，慣性モーメントや減衰を考慮しながらモータコントローラのゲインを調整することにより，モータ軸角度のステップ応答を設定することができる．

8.4.4 過渡応答における諸定数

過渡応答における諸定数としては，図 8.15 に示すように，応答の最大値と目標値との差を表す**行過ぎ量** (over shoot ; オーバーシュート) θ_p，目標値の ±5% 以内に収まる時間を表す**整定時間** (settling time)T_s，目標値の 10%から 90%に達する時間を表す**立上り時間** (rise time)T_r がある．

最初の行過ぎ量を与える時間 T_p は，式 (8.26) の極値を与える t から求められ，$d\theta(t)/dt = 0$ より，

$$T_p = \frac{\pi}{\omega_n \sqrt{1 - \zeta^2}} \tag{8.27}$$

が得られる．また，このときの値は $\theta_p = \theta(T_p)$ より

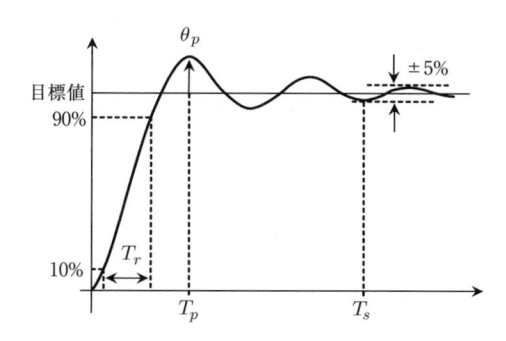

図 8.15 ステップ応答の諸定数

$$\theta_p = e^{-\frac{\pi\zeta}{\sqrt{1-\zeta^2}}} \tag{8.28}$$

となる．これより，T_p と θ_p は相反する関係 (トレードオフ) にあり，即応性をよくしようとするとオーバーシュートが大きくなる．これらの関係を使用目的に即して決定することが，コントローラゲイン調整の最大の目的である．通常，即応性の観点から過渡応答は振動的に設定され，オーバーシュートの値として 25% ($\zeta = 0.4$)，10% ($\zeta = 0.6$)，4.3% ($\zeta = 1/\sqrt{2} = 0.707$) などがよく用いられる．

8.5 周波数応答

サーボ機構などでは入力がステップ状とはかぎらず，機器の使用目的に合わせて特定の運動パターンを設定し，複雑な動きを実現させたい場合がある．このためにはシステムの動特性を把握する必要があるが，時間領域の応答のみでは評価が困難である．そこで，入力の周波数をパラメータとして出力振幅と位相の変化を調べ，システムの周波数に対する応答を調べる．これを**周波数応答** (frequency response) とよび，制御系の動特性を評価する重要な手段である．

8.5.1 周波数伝達関数

システムの周波数応答を求めるため，ステップ応答の図 8.10 と同じ系で入出力関係を考えよう．入力信号の表現として，振幅と位相を同時に考えられるように複素数を導入し，**オイラーの公式** (Euler's formula) $e^{j\omega t} = \cos\omega t + j\sin\omega t$ を用いる．すなわち，角周波数が ω で振幅が $|A|$ の正弦波状入力は

$$x(t) = Ae^{j\omega t} \tag{8.29}$$

と表現される．これをシステムに入力したときの応答 $y(t)$ は，式 (8.7) を用いて，

$$\begin{aligned}
y(t) &= \int_0^\infty g(\tau) A e^{j\omega(t-\tau)} d\tau \\
&= \left[\int_0^\infty g(\tau) e^{-j\omega\tau} d\tau\right] A e^{j\omega t} \\
&= \left[\int_{-\infty}^\infty g(\tau) e^{-j\omega\tau} d\tau\right] A e^{j\omega t} \quad [\because g(t) = 0 \ (t<0)]
\end{aligned} \tag{8.30}$$

8.5 周波数応答

ここで，括弧内に注目すると $g(t)$ のフーリエ変換となっている．すなわち，周波数伝達関数を求めるには，ラプラス変換により得られた伝達関数 $G(s)$ において，$s \to j\omega$ と置き換え，$G(j\omega)$ を計算すればよい．

また，式 (8.30) は以下のようにも書き換えることができる．

$$\begin{aligned}
y(t) &= \int_0^t g(\tau) A e^{j\omega(t-\tau)} d\tau \\
&= \int_0^t g(\tau) A [\cos\omega(t-\tau) + j\sin\omega(t-\tau)] d\tau \\
&= \frac{A}{2} \int_0^t g(\tau)[(\cos\omega t \cdot \cos\omega\tau - \sin\omega t \cdot \sin\omega\tau) \\
&\quad + j(\sin\omega t \cdot \cos\omega\tau + \cos\omega t \cdot \sin\omega\tau)] d\tau \\
&= \frac{A}{2}\left\{\left[\int_0^t g(\tau)\cos\omega\tau d\tau\right]\cos\omega t - \left[\int_0^t g(\tau)\sin\omega\tau d\tau\right]\sin\omega t \right. \\
&\quad \left. + j\left(\left[\int_0^t g(\tau)\cos\omega\tau d\tau\right]\sin\omega t + \left[\int_0^t g(\tau)\sin\omega\tau d\tau\right]\cos\omega t\right)\right\}
\end{aligned}$$
(8.31)

ここで

$$\alpha = \frac{1}{2}\int_0^t g(\tau)\cos\omega\tau d\tau$$

$$\beta = \frac{1}{2}\int_0^t g(\tau)\sin\omega\tau d\tau$$

とおくと，式 (8.31) は

$$\begin{aligned}
y(t) &= A\{\alpha\cos\omega t - \beta\sin\omega t + j(\alpha\sin\omega t + \beta\cos\omega t)\} \\
&= A\{(\alpha + j\beta)\cos\omega t + j(\alpha + j\beta)\sin\omega t\} \\
&= (\alpha + j\beta)Ae^{j\omega t} = (\alpha + j\beta)x(t)
\end{aligned}$$
(8.32)

と簡略化される．これより，出力の振幅 $|y|$ と位相 $\angle y$ は，それぞれ

$$\begin{cases} |y| = \sqrt{\alpha^2 + \beta^2} \\ \angle y = \tan^{-1}\dfrac{\beta}{\alpha} \end{cases}$$
(8.33)

となる．すなわち ω を $0 \to \infty$ に変えたときの $|y|$，$\angle y$ を計算すれば，系の周波数応答を求めることができる．

8.5.2 ボード線図

周波数応答を視覚的に理解するため用いられる線図として，**ボード線図** (Bode diagram) がある．ボード線図は，横軸に対数目盛の周波数軸をとり，振幅についてはゲイン $20\log_{10}|G|$ を dB (デシベル) 単位で，位相については角度をそれぞれプロットする．

例題 8.3

一次系 $G(s) = K/(1+sT)$ の周波数応答を求め，ボード線図を作成せよ．

解答 上式において，$s \to j\omega$ と置き換えて

$$G(s) = \frac{K}{1+j\omega T}$$

となる．これより振幅 $|G|$ と位相 $\angle G$ は，

$$\begin{cases} |G| = \dfrac{K}{\sqrt{1+(\omega T)^2}} \\ \angle G = \tan^{-1}\dfrac{0}{K} - \tan^{-1}\omega T = -\tan^{-1}\omega T \end{cases} \quad (8.34)$$

が得られる．

次に，$20\log|G| = 20\log K - 20\log\sqrt{1+(\omega T)^2}$ については，

$$\omega \ll \frac{1}{T} \quad \longrightarrow \quad 20\log K$$

$$\omega \gg \frac{1}{T} \quad \longrightarrow \quad 20\log K - 20\log \omega T$$

である．また，$\angle G$ については，

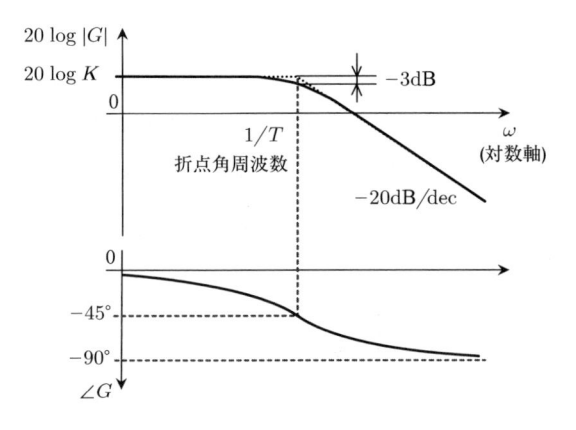

図 8.16 1 次系のボード線図

8.5 周波数応答

$$\omega \to 0 \quad \longrightarrow \quad \angle G \to 0$$
$$\omega \to \infty \quad \longrightarrow \quad \angle G \to -90°$$
$$\omega \to \frac{1}{T} \quad \longrightarrow \quad \angle G = -45°$$

となる．これをプロットすると図 8.16 が得られる．ゲインは，2 つの直線 $20\log K$ と $-20\log \omega T$ が漸近線となり，$\omega = 1/T$ で 2 直線が接続して折線状になる．このため，$1/T$ を**折点角周波数** (corner frequency) という．また，折点角周波数におけるゲインは，折点より -3 dB $(= 20\log(1/\sqrt{2}))$ だけ低い場所にある．折点より高周波側では，周波数が 10 倍 (decade) ごとに 20 dB の割合でゲインが小さくなる．角度については，通常，マイナス位相であるので，遅れ側に座標軸の向きをとってプロットする．

8.5.3 2 次系の周波数応答

モータ回転角制御系のような 2 次系の周波数応答について考えてみよう．伝達関数の式 $G(s) = \omega_n^2/(s^2 + 2\zeta\omega_n s + \omega_n^2)$ において，$s \to j\omega$ の置換えを行い $G(j\omega)$ を計算すると，

$$G(j\omega) = \frac{\omega_n^2}{\sqrt{(\omega_n^2 - \omega^2)^2 + (2\zeta\omega_n\omega)^2}} \{(\omega_n^2 - \omega^2) - j2\zeta\omega_n\omega\} \tag{8.35}$$

が得られる．振幅を求めるため式 (8.35) を ω について整理すると，

$$|G(j\omega)| = \frac{\omega_n^2}{\sqrt{\{\omega^2 - (1 - 2\zeta^2)\omega_n^2\}^2 + 4\zeta^2(1 - \zeta^2)\omega_n^4}} \tag{8.36}$$

となる．ここで分母の $\omega^2 - (1 - 2\zeta^2)\omega_n^2$ について考えると，ω が根をもたないときは $|G|$ は単調減少となるが，根をもつ場合は極大値が存在する．これを場合分けすると，以下のようになる．

- $|\zeta| \geqq \dfrac{1}{\sqrt{2}}$ のとき，$|G|$ は単調減少関数
- $|\zeta| < \dfrac{1}{\sqrt{2}}$ のとき，$\omega = \sqrt{1 - 2\zeta^2}\omega_n$ で，極大値 $\dfrac{1}{2|\zeta|\sqrt{1 - \zeta^2}}$ をとる．

また，位相 $\angle G$ については式 (8.35) より，

$$\angle G = -\tan^{-1}\left(\frac{2\zeta\omega_n\omega}{\omega_n^2 - \omega^2}\right) \tag{8.37}$$

が得られる．

さまざまな ζ について，ボード線図を描いたものが図 8.17 である．$\omega = \omega_n$ でのピークは，系が**共振** (resonance) 状態であることを示している．これと同

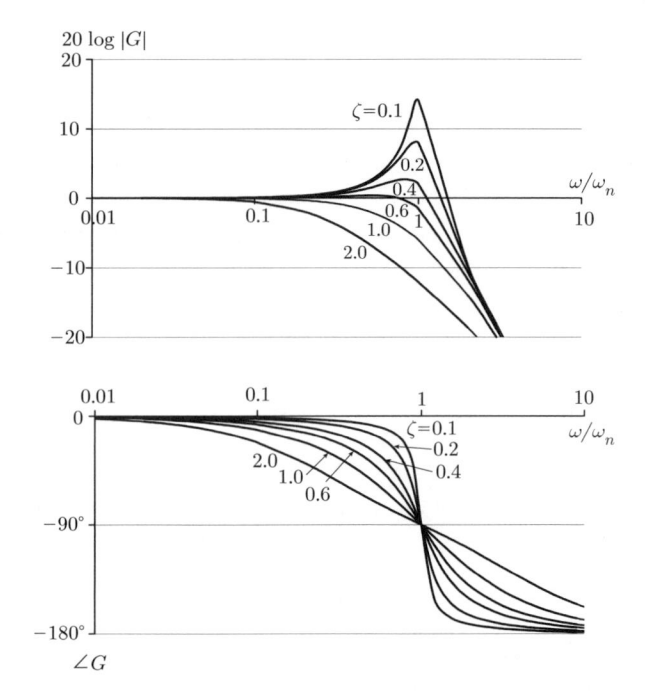

図 8.17 2次系のボード線図

様のシステムの挙動は，モータ回転角の制御系にとどまらず，機械力学におけるばね・マス・ダンパ系や，交流回路における LCR 直列共振回路など，一般の振動系にみることができる．

演習問題 8

8.1 以下の関数のラプラス逆変換を求めよ．

(1) $G(s) = \dfrac{1}{1+5s}$

(2) $G(s) = \dfrac{1}{s^2+3s+2}$

(3) $G(s) = \dfrac{2}{s^2+2s+5}$

8.2 例題 8.2 におけるステップ応答 (式 (8.14)) の概形を記せ．

演習問題 8

8.3 次の伝達関数のボード線図を描け．ただし，$T_2 < \tau < T_1$ とする．
$$G(s) = \frac{K(1+\tau s)}{(1+T_1 s)(1+T_2 s)}$$

8.4 次図に示すばね・マス・ダンパ系について，設問に答えよ．ただし，k はばね定数，C はダンパの比例定数，m は質量(マス)とする．

(1) 外力を $k \cdot f(t)$ としたとき，系の運動方程式を求めよ．

(2) 運動方程式をラプラス変換し，外力から変位への伝達関数を求めよ．

(3) 2次系の式と比較して，ω_n, ζ を求めよ．

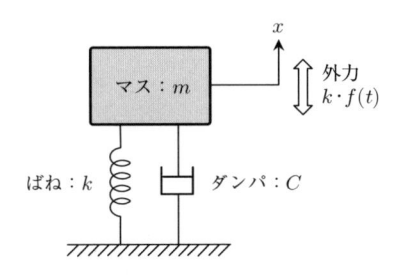

9 モータの制御機構

前章で示したフィードバック制御系を実現するためには,さまざまな回路技術,実装技術が必要である.本章では,メカトロニクスの代表としてモータサーボ機構を取り上げ,単純なオンオフ制御から PWM 駆動法などをはじめとするモータの制御手法や,デジタル回路とのインターフェースなど,実際の系の構成について示す.また,モータの回転検出に必要不可欠なロータリーエンコーダの関連回路についても示す.

9.1 モータ駆動回路

論理回路などのデジタル出力を用いて実際のモータを動かすためには,小電力の入力信号により大きなモータ駆動電流を出力する回路が必要となる.このような性質の異なる回路の橋渡しを専門に行う回路を,インターフェース (interface) とよぶ.ここでは,モータの各種駆動方式を示すとともに,インターフェースを含めたいくつかの駆動回路を示す.

9.1.1 小電力トランジスタを用いるインターフェース

TTL レベルのデジタル信号によりモータを駆動するインターフェースの回路例を,図 9.1 に示す.

(a) は,ダーリントントランジスタによる直接駆動回路の例である.TTL 論理が 1 のとき (5 V),トランジスタ 2SD633 のベースには,TTL の流し出し電流の定格相当の 0.5 mA が流れ,オンとなる.このトランジスタの h_{fe} は 15000

(a) トランジスタによる直接駆動　　(b) リレーを用いた間接駆動

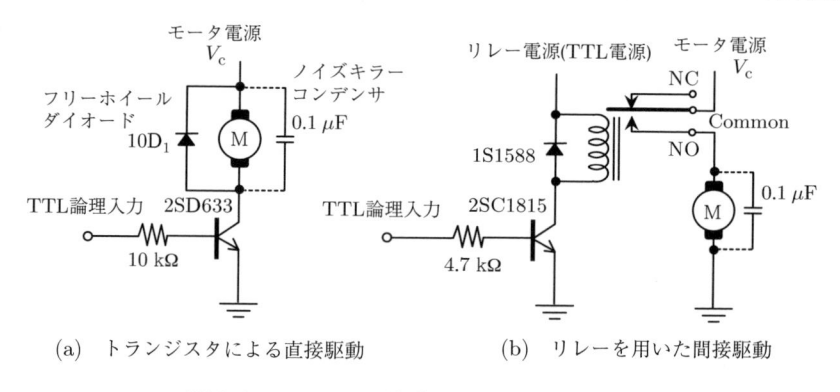

図 9.1　TTL–モータ駆動インターフェースの例

程度であるので，理論的なコレクタ電流は 7.5 A ($= 0.5 \times 15000$) となるが，コレクタ定格電流は 7 A なので，これが実際の限界となる．またトランジスタの耐圧は 100 V であるので，この回路では電源電圧 100 V，最大電流 7 A までの直流モータを直接オンオフ駆動することが可能である．モータの横にダイオードが逆バイアス向きに取り付けられているが，これは**フリーホイールダイオード** (free wheel diode) とよばれ，モータなどの誘導負荷の電源をオフしたときに発生するスパイク状の高電圧が，トランジスタに直接かからないようにして保護する働きをする．すなわち，モータとダイオードによる短絡ループを作り，電磁誘導による高電圧をループ内で放電させて吸収する．

一方 (b) は，小電力トランジスタとリレーによる間接駆動型の例である．TTL 入力によりトランジスタを介してリレーが駆動される原理は，(a) の場合とまったく同じであるが，リレーの接点を用いてモータのオン・オフを行っており，ロジック側とモータ側が電気的に完全に分離される特長がある．また，接点容量の大きなリレーを用いれば，大型のモータを駆動することが可能である．ただし，機械的接点を用いており周波数応答が遅いので，次節の PWM 制御などへの適用は不可能である．

整流子のある直流モータなどでは，回転に伴うブラシ部分での機械的オン・オフにより電磁ノイズを発生し，論理回路を誤動作させる原因となる．このような場合，図中に点線で示してあるように，モータの整流子の直近に 0.1 μF 程度のコンデンサを並列に接続して，スパイクノイズを吸収させる．このコンデ

9.1 モータ駆動回路

ンサをノイズキラーコンデンサ (noise killer condenser) とよび，回路の誤動作防止用ノイズ対策として大変有効である．

9.1.2 ブリッジ型ドライバ

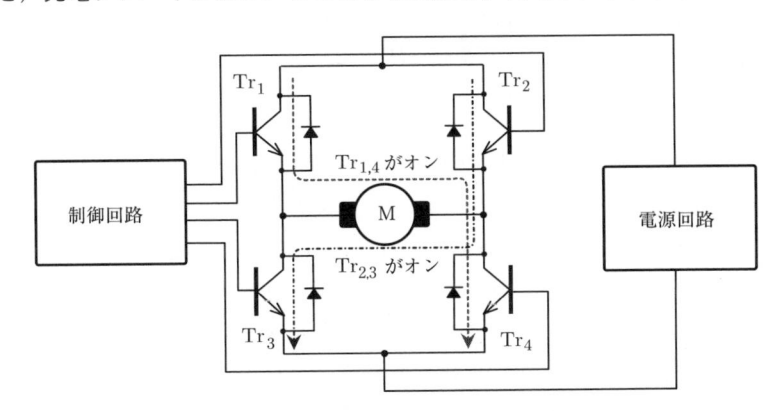

前節の回路では，モータを流れる電流の向きが固定されているため，回転方向の制御を行うことが不可能である．そこで，図 9.2 のように，トランジスタなどのスイッチング素子をモータまわりに 4 個配置した **H ブリッジ型ドライバ**が用いられる．ここでは，制御回路によりオン・オフするトランジスタの組が選択され，$Tr_1 \to$ モータ $\to Tr_4$ の経路と，$Tr_2 \to$ モータ $\to Tr_3$ の経路を切り替えることにより，モータの回転方向を変更することができる．また，Tr_3, Tr_4 をオンにすると，モータ電機子を短絡する回路が形成され，慣性による発電電力が短絡回路内で消費・熱放散されて，ブレーキ作用を得ることができる．これを，**発電ブレーキ**とよぶ．このような回路は，図 9.3 に示すようなモータド

図 9.2 H ブリッジ型モータドライブ回路

図 9.3 ブリッジ型モータドライバ IC の例

ライブ用ブリッジ素子として IC 化されており，方向，ブレーキなどの制御がデジタル信号で入力できるよう，回路が簡素化されている．

9.1.3　PWM による速度制御回路

図 9.1(a) で示したトランジスタ回路のベースに対して，パルス状の信号を入力することにより，**パルス幅変調** (PWM : pulse width modulation) によるモータ速度制御回路を構成することが可能である．駆動電源の電圧を変えることなく速度を制御可能なうえ，デジタルシステムになじみやすい制御手法であるため，よく用いられている．

図 9.4 は，パルス信号の発生源としてタイマ IC である NE555 を用いた PWM 駆動回路である．1 段目の IC は非安定マルチバイブレータとして，矩形のパルスを発生する．このときの発振周波数 f，論理 0 となる時間 T_{off} は以下の式で表される．

$$\begin{cases} f = \dfrac{1.44}{(R_\mathrm{a} + 2R_\mathrm{b})C} \\ T_{\mathrm{off}} = \dfrac{R_\mathrm{b}}{R_\mathrm{a} + 2R_\mathrm{b}} \end{cases} \tag{9.1}$$

図の例では，1 kHz までの発振周波数が得られる．2 段目の IC は，2 番ピンのアナログ入力電圧に従ってパルス幅を変えて出力するパルス幅変調回路として働く．ここでは 3 番ピンに入力されたパルスのダウンエッジをトリガとして，電圧に応じた幅 T_{on} のパルスを発生する．このパルスを 1 kΩ のベース抵抗を通じて図 9.1(a) で示したトランジスタに接続すると，モータの PWM 制御を行うことができる．

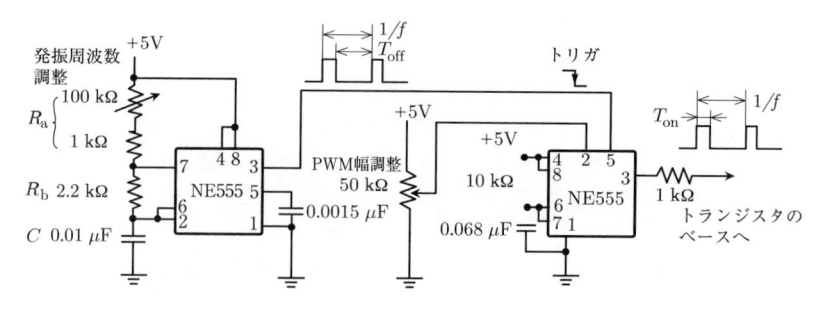

図 9.4　タイマ IC–555 を用いた PWM 信号発生回路の例

PWM の周波数 f が低い場合，騒音や振動の原因となるため，通常 10～20 kHz 程度の周波数が用いられる場合が多い．素子としては数 MHz までスイッチングが可能なものが製品化されているが，高周波領域で使用すると電磁ノイズを発生するため，この低減対策が必要となる．

9.1.4 VVVF 制御

交流モータの速度制御を行うためには，1.2.3 でふれたように電源周波数や電圧を変化させる必要がある．この一例として，**VVVF** (variable voltage variable frequency) 制御がよく用いられる．これは，図 9.5 に示すように，3

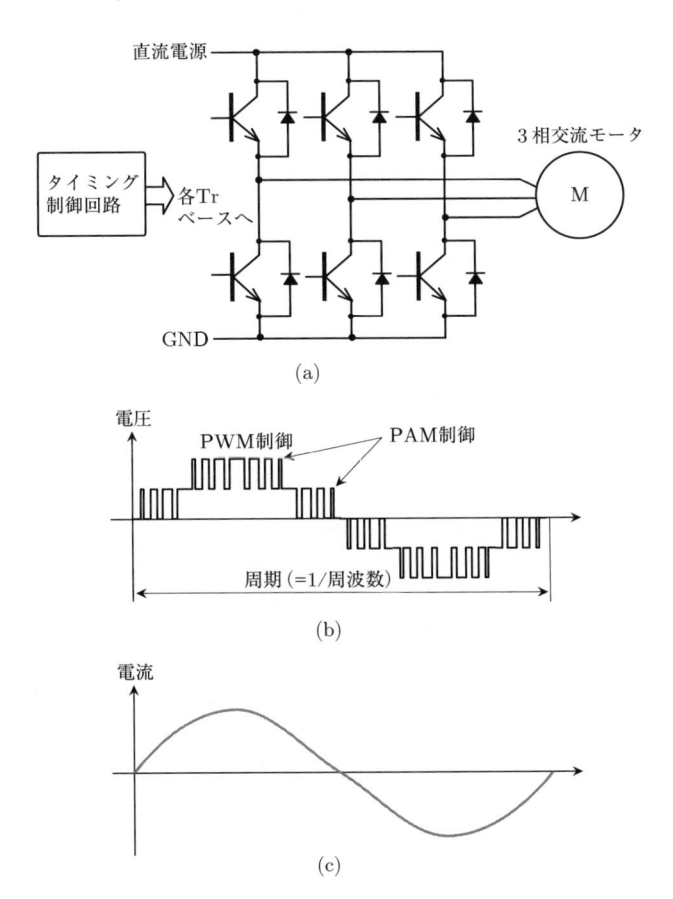

図 9.5 VVVF 制御回路 (a) と相電圧 (b)，電流 (c)

相誘導電動機や同期電動機の各相にトランジスタなどのスイッチング素子を設け，オン・オフを制御することにより周波数と電圧を制御する．ここでは，0 V を含めた3レベルの電圧による PAM，PWM，周波数の制御を組み合わせた高度な波形発生技術により，回路に流れる正弦波状電流の振幅と周波数を制御している．このような波形を 120° ずつずらし，3相交流としてモータ各相に印加する．始動時でモータ回転数の低いときは，周波数を低く大きな電圧振幅を用いて大トルクを発生させ，回転数が上がるにつれ周波数を高くし，一定負荷の定常運転に至る．

スイッチング素子としてはトランジスタ以外に，サイリスタ，GTO サイリスタ，FET，IGBT (insulated gate bipolar transistor) などの電力素子が用いられ，大容量，高耐圧，低損失などの性能向上が図られている．今日では VVVF 制御は，エアコンのコンプレッサ駆動や，新幹線などのモータ制御手法として日常的に使用されている．

9.2 モータの間欠正逆回転駆動制御

シーケンス制御制御の例として，図 9.6 にモータの間欠正逆回転駆動制御系を示す．順序回路として例題 8.1(p.138) で示した T–FF による回路を用い，モータのインターフェースにはリレーを用いた回路を使用している．T–FF は JK–FF により構成し，出力はリレー駆動用のトランジスタ入力となり，1段目 FF はオン・オフ用のリレーを，2段目 FF は正逆用のリレーを駆動する．リレーは接点が2組あるものを使用し，リレー2では NC，NO をモータ駆動電

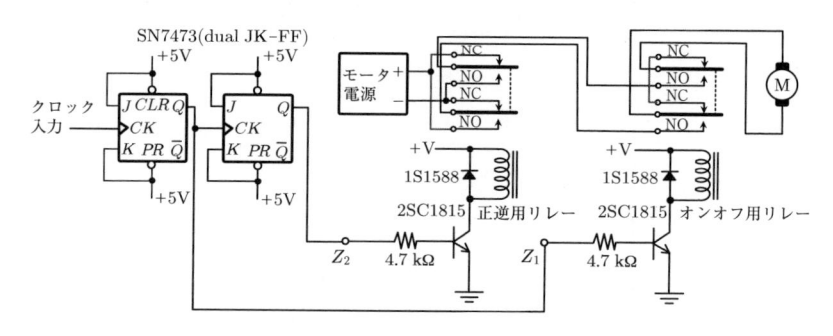

図 9.6 モータの間欠駆動のシーケンス制御回路

源からたすきがけに配線して，Common 接点への出力が逆転するようにしてある．また，リレー 1 のオフ動作側の接点が短絡してあるが，これはモータ停止命令時にモータの回路を短絡し，発電ブレーキを実現するためである．このような回路により，モータの間欠正逆回転駆動のシーケンス制御系が構成できる．

9.3 モータサーボ機構

モータの回転角制御系のように，角度，位置などを制御量として，目標値が時間的に変化するフィードバック制御系を**サーボ機構** (servo mechanism) とよぶ．図 9.7 に，モータのサーボ機構の構成例を示す．原理の確認のための単純な構成としてあり，目標値をポテンショメータの電圧で与えるとともに，モータ軸にもポテンショメータを取り付け，回転角度を電圧として検出する．2 つのポテンショメータ電圧はオペアンプにより比較，増幅され，モータが駆動される．すなわち，目標値設定用ポテンショメータを手動で回転すると，回転量に応じてモータが同じ角度だけポテンショメータを回転させるサーボ機構が構成されている．

このときオペアンプの出力電圧 V_o は，重ね合わせの定理を用いて以下のように求められる．目標値ポテンショメータ電圧 $V_\mathrm{r} = 0$ のとき，オペアンプは入力が回転角検出用ポテンショメータ電圧 V_f で，ゲインが $-R_\mathrm{f}/R$ の反転増幅回路である．次に，$V_\mathrm{f} = 0$ のときは，ゲインが $(1 + R_\mathrm{f}/R)$ の非反転増幅器とし

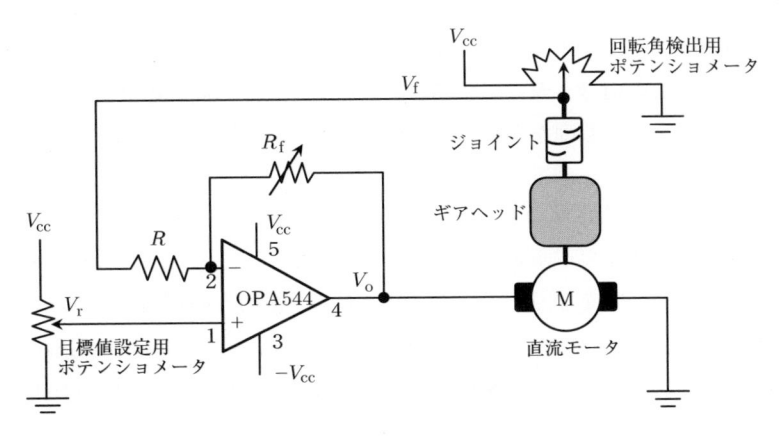

図 9.7 モータのサーボ機構の例

て働く．両者の和より，

$$V_\mathrm{o} = \left(1 + \frac{R_\mathrm{f}}{R}\right) V_\mathrm{r} - \frac{R_\mathrm{f}}{R} V_\mathrm{f} \tag{9.2}$$

が得られる．通常，$R_\mathrm{f} \gg R$ であるから，上式は，

$$V_\mathrm{o} = \frac{R_\mathrm{f}}{R}(V_\mathrm{r} - V_\mathrm{f}) \tag{9.3}$$

と単純になる．V_r，V_f ともポテンショメータ回転角に比例するのは明らかであるから，式 (9.3) は図 8.13 の加算点とコントローラ部分を実現している．また，この回路のコントローラゲインは，$K_\mathrm{c} = R_\mathrm{f}/R$ である．

図 9.7 に示した OPA544 は，耐圧 ±35 V，出力電流 2 A のオペアンプであるので，小型の直流モータの駆動には十分である．ポテンショメータは 10 回転のものを用いると，回転角を広くとることができる．ギアヘッドの減速比が 1/50 で，$V_\mathrm{cc} = 24$ V，$R = 1$ kΩ の場合，R_f が数百 kΩ 程度から系が振動的になり，数 MΩ を越えると発振状態になる．なお本系において注意すべきことは，ポテンショメータ軸の回転方向と検出電圧の上下方向をギアヘッドの回転方向に応じてあわせることであり，これを間違えるとフィードバック系として正しく働かなくなる．

9.4 ロータリーエンコーダの信号処理回路

モータ軸の回転検出に用いるロータリーエンコーダは，2.1.5 で示したように，90°位相のずれた 2 相信号から構成される．エンコーダ専用のカウンタボードなどでは，この信号を直接用いて方向判別や分解能の向上を図ることができるが，ここでは動作原理を理解するため，基本的な回路を示す．

9.4.1 移動方向検出回路

検出器からの 2 つのパルス A，B が入力されたとき，入力順により移動方向を検出する回路の例を図 9.8 に示す．ここでは，移動方向が $A \to B$ のとき $\overline{A}$ が，$B \to A$ のとき $\overline{B}$ が出力される．動作をタイムチャートに示すが，7474 の D–FF は D 入力がオープン（論理 1）のため[1]，パルスが入力されると出力 Q

---

[1] TTL の回路図で入力端子の接続が特に示されていない場合，オープン（論理 1）を表す．

9.4 ロータリーエンコーダの信号処理回路

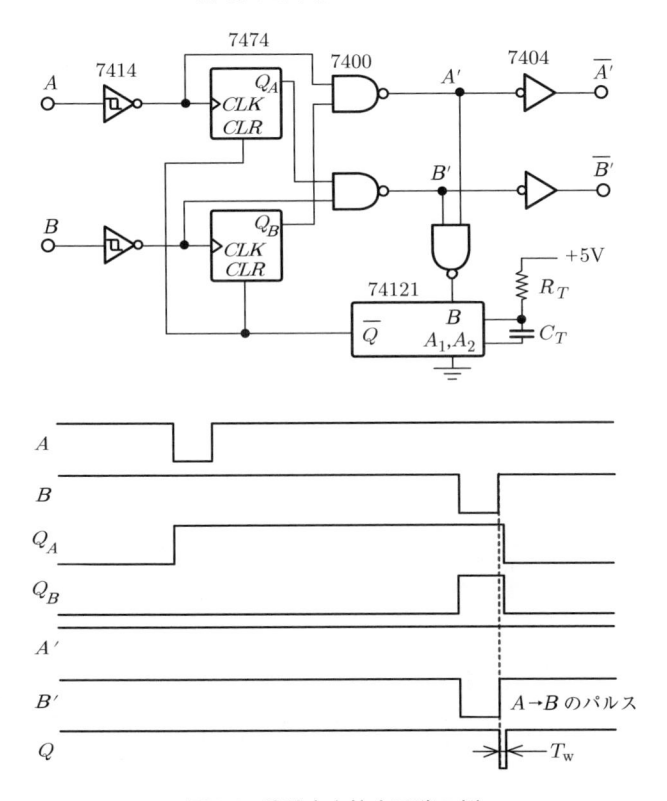

図 9.8 移動方向検出回路の例

が 1 にセットされる．いま，A にパルスが入力されると Q_A は 1 となるが，Q_B が 0 のため，7400 のゲート出力 A' は変化しない．次に B が入力されると Q_B がセットされるため，B' に出力が現れる．さらに，出力のアップエッジをワンショットマルチバイブレータ 74121 の入力として用い，短いクリアパルスを発生させフリップフロップをクリアして，次の入力の準備をする．ワンショットのパルス幅 T_w は，外付けのコンデンサと抵抗により決まり，$T_w = 0.7 C_T R_T (1.4 \text{ k}\Omega \leqq R_T \leqq 40 \text{ k}\Omega, \ 0 \leqq C_T \leqq 1000 \ \mu\text{F})$ の関係がある．

回路は A, B について対称であるため，B が入力されたときもまったく同様の動作となる．したがって，$\overline{A}, \overline{B}$ を方向別のパルスとしてカウンタ入力に用いることができる．ただし，この回路では一方のパルスが入力されたのち動作方向が逆転した場合は，正しいカウント動作が行われないので注意が必要である．

9.4.2 2倍カウント方向検出回路

図 9.9 の回路では，A 相のパルスの立上りと立下りによりクロックパルスを発生させ，パルスの数を 2 倍にしている．これによりエンコーダの分解能も 2 倍に向上されている．本回路では，エンコーダのカウントパルス (負論理) のほかに，Up/Down パルスにより方向を識別することができる．これをクロックとともに D–FF に入力すると，FF の出力 Q により方向を判別することが可能である．また，この回路ではパルス入力の順序が逆転したときも，正しいカウントを行うことができる．

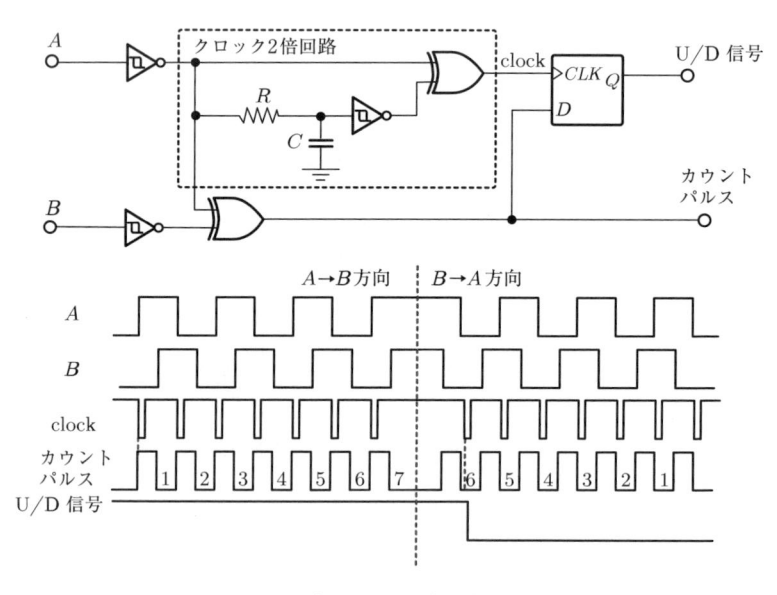

図 9.9 2 倍カウント方向検出回路

9.5 モータサーボ機構の一般構成

これまでに紹介したハードウェアを用いて，メカトロニクス機器用のモータサーボ機構を構成する場合，一般的に用いられる構成を図 9.10 に示す．

フィードバック制御系の構成としては，モータ軸にロータリーエンコーダを取り付け，角度を制御する方法がよく用いられる．このとき回転角から先の部分については，送りねじなどの機械的な精度に依存する．そこで，特に精密な

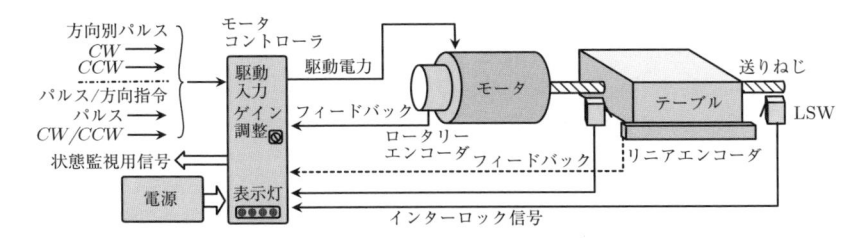

図9.10 モータのサーボ機構の一般的構成

　位置決めを要するときは，テーブルなど被駆動部に取り付けたリニアエンコーダにより，位置を直接制御する場合が多い．エンコーダの情報は基本的には角度，または位置を表すパルス出力であるが，単位時間あたりのパルスレートを計算することにより，(角)速度や(角)加速度を求めることもできる．

　コントローラは，エンコーダからのデータを受け取り，目標値との比較を行ってモータを駆動するとともに，リミットスイッチなどのインターロック入力が設けられている．モータの駆動法としては，通常，直流モータではPWM制御，交流モータではインバータ制御が用いられることが多い．時間応答波形については，コントローラに設けられたポテンショメータなどにより調整が可能である．

　コントローラへの入力は通常パルス状であり，1パルスあたりの駆動量は，エンコーダの分解能とカウンタ倍数に依存する．このようなモータサーボ機構を外側からみると，パルスモータと同様のオープンループ系にみなすことができ，外部からは送り量に応じたパルスを入力するだけで済むため，機器制御の利便性が格段に向上している．

演習問題9

9.1　モータ駆動に専用ICを用いた場合の得失について述べよ．

9.2　ステップモータとエンコーダ付きモータによりメカトロシステムを構成した場合，両者の得失について述べよ．

9.3　図9.9の回路で，2倍カウント部分についてタイムチャートを描いて動作を確認せよ．

10 コンピュータの構成

> 今日のメカトロニクス機器は，制御の頭脳としてコンピュータを用いたシステムを用いることが必須となっている．そこで本章では，パーソナルコンピュータ (PC) について，メカトロニクス制御に必要なハードウェア (電子回路・機器) 部分を中心として，基本的な構造，働きを理解する．また，今日の多く使用されているコンピュータの代表例として IBM/PC 互換機を取り上げ，このハードウェアについても仕組みを示す．

10.1 コンピュータのハードウェア

コンピュータの主なハードウェアは，図 10.1 に示すように，**中央情報処理装置** (**CPU**: central processing unit)，**メモリ** (memory)，**入出力装置** (**I/O**: input output device)，**バス** (bus) などから構成される．

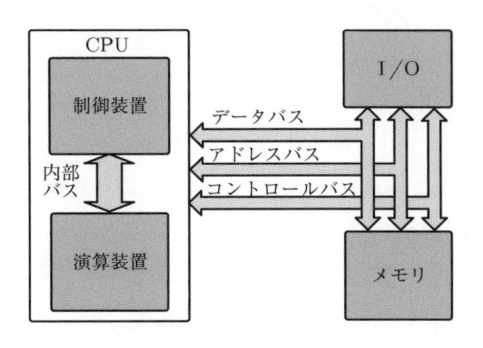

図 10.1 コンピュータの基本的なハードウェア構成

10.1.1 CPU

CPUはコンピュータの中枢であり，演算や論理を行うための**演算装置** (ALU: arithmetic and logic unit) と，これらを制御し情報のやり取りを行う**制御装置** (control unit) などから構成されている．メモリに記憶されたプログラムを実行し，I/O やメモリから情報を受け取り，ALU で演算・加工した後，再び I/O やメモリに出力する．データのビット幅が大きいほど処理量が大きく高性能な CPU である．初期は 8 ビットであったが，最近では 32 ビット，64 ビットのものが多く用いられている．

現在の CPU は図 10.2 のように，高速なバイポーラトランジスタを集積化した 1 チップ構成のものが主流となっている．最新の CPU チップでは，1GHz 程度のクロックで動作するトランジスタを数千万〜2 億個程度集積し，演算装置や制御装置の論理回路を構成している．

図 10.2 CPU チップの例

10.1.2 メモリ

メモリはデジタル情報の記憶媒体であり，電荷の有無を論理 1, 0 に対応させている．通常，8 ビットをひとまとめにして構成し，これを 1 **バイト** (byte) とよび，単位を B で表記する．メモリには情報の所在を特定するための**番地** (アドレス; address) が付けられており，バイトごとに図 10.3 のように順番にアドレスが割り当てられる．一般に n ビットのアドレスを用いると，0 番地から $2^n - 1$ 番地まで 2^n 通りのアドレスを指定可能である．n が大きいほど取り扱える情報が多くなり，高性能なメモリシステムとなる．最新の CPU では 36

10.1 コンピュータのハードウェア

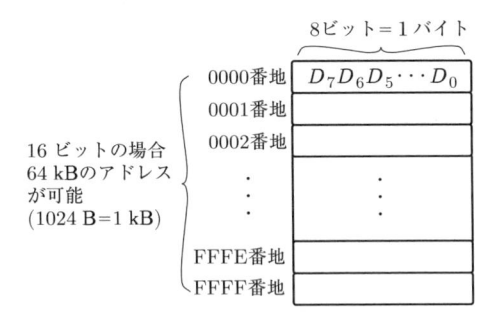

```
                        ┌─ 8ビット=1バイト ─┐
              0000番地   │ D₇D₆D₅…D₀ │
              0001番地
              0002番地
16 ビットの場合    .
64 kBのアドレス    .
が可能           .
(1024 B=1 kB)
              FFFE番地
              FFFF番地
```

図 10.3 メモリの構成とアドレス

ビットや 64 ビットのアドレス桁を用い，それぞれ，2^{36}=64GB，2^{64}=16EB[1]) のアドレスが使用可能である．

CPU のレジスタなどが多バイト長で構成される場合，メモリの複数バイトにわたって数値を格納する必要が生じる．この方式を**エンディアン** (endian) という．たとえば図 10.4 のように，2 バイト長の数値の場合，下位バイトを偶数番地に，上位バイトを偶数+1 番地に格納する方法をリトルエンディアン (little endian) といい，逆の場合をビッグエンディアン (big endian) という．データバス幅が 16 ビット以上の場合，CPU 固有のエンディアンに従ってアドレスが割り振られているので，数値のバイト位置とアドレスの関係に注意が必要である．

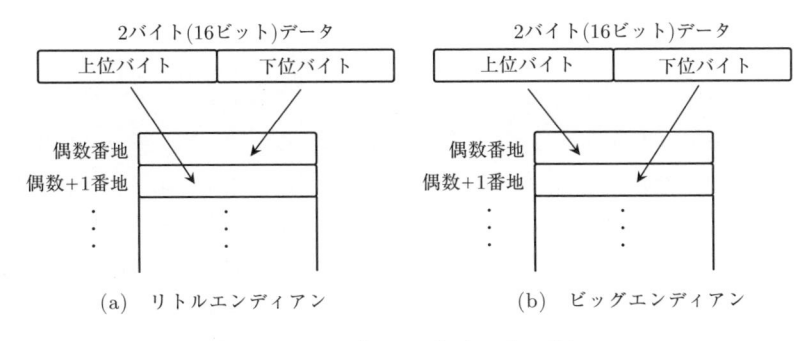

図 10.4 エンディアンとメモリアドレス

---

1) E：エクサと読み，10^{18} を表す．

(1) RAM

RAM (random access memory) は半導体集積回路を用いたメモリ記憶素子で，CPU から直接アクセス可能で高速で読み書きができるメモリである．通常，コンデンサと充放電用のトランジスタスイッチ1組で，1ビットのメモリを構成する．時間が経過したり電源を切ると情報が失われるため，一定時間ごとに常に自分自身でデータを更新する必要がある．これを**リフレッシュ**といい，常時読み書きを行っていることからダイナミック RAM (dynamic RAM)，通称 **DRAM** (ディーラム) とよばれる．実際には図 10.5 のように，DRAM チップを複数個組み合わせ，メモリモジュールとして使用する場合が多い．

図 10.5 DRAM によるメモリモジュールの例

(2) ROM

ROM (read only memory) は一度書き込むと情報が消えず，読み出し専用のメモリとして使用することができる．これを**マスク ROM** とよび，安価なため長期に多数の使用が見込める場合に用いられる．また，紫外線によりデータを消去して再度書き込むことができるもの (**UV–EPROM**：ultra violet erasable programmable ROM，図 10.6) や，電気的にデータを消去・再書込み可能なもの (**EEPROM**：electrically erasable programable ROM) がある．DRAM に比べて容量が少ないが，常時使用するが時々変更を要するプログラムなどを格納する場合に用いられる．最近ではフラッシュメモリとよばれる EEPROM の

図 10.6 EPROM の例；丸窓は紫外線照射用

一種が，PC 用メモリカードなどに用いられている．

10.1.3 入出力装置

コンピュータ用の入出力装置の代表的なものとして，キーボード，マウス，ディスプレイ装置，プリンタなどがあげられる．また，メカトロニクスに使用するものとしては，A/D 変換器，D/A 変換器などをはじめとする各種インターフェース機器も入出力機器の中に含まれる．これらの機器はハードウェア的にはメモリと同様の I/O アドレスをもち，CPU とプログラムによって管理される．このような方式を**マップト I/O** (mapped I/O) といい，メモリのアドレスを使う場合をメモリマップト I/O (memory maped I/O)，I/O 専用のアドレスを使う場合を I/O マップト I/O とよぶ．

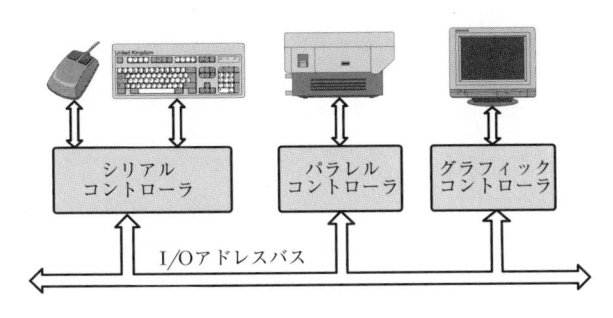

図 10.7 I/O 装置の例

10.1.4 バ ス

バスは，CPU や周辺機器が情報を交換するため設けられた，多数の電線，または配線の集合体である．このため，情報の授受を行うには，図 10.8 のような **3 状態バッファ** (tristate buffer) が用いられる．このバッファは，制御入力に応じて，入出力間を**ハイインピーダンス状態** (スイッチの切れている状態)，通常のバッファ動作 (スイッチの接続されている状態) に切り替えることができる．すなわち，情報の授受が不要なときはバッファを高インピーダンスにして装置をバスから切り離しておき，必要なときだけデータの流れに対応したバッファをオンにし，データの送受信を行う．使用目的により，メモリや周辺機器のアドレスを指定するアドレスバス，データの交換を行うデータバス，信号の流れを制御するコントロールバスなどがある．

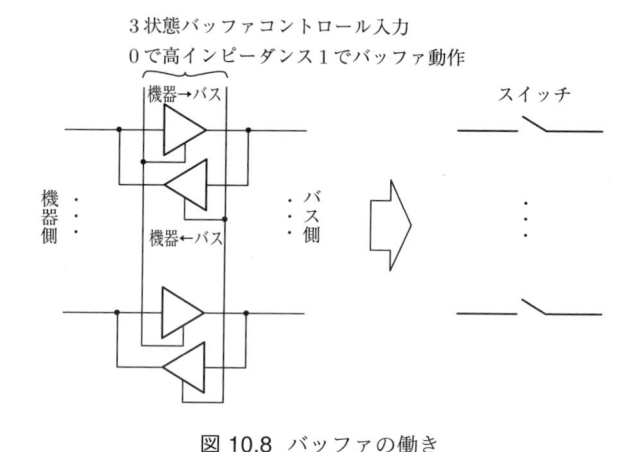

図 10.8 バッファの働き

10.2 ソフトウェア

ソフトウェア (software) は，コンピュータの動作を規定するプログラムの集合体であり，物理的な実体であるハードウェアに対する呼び名として用いられる．プログラム自体は，特定の目的達成のため，CPU に対する命令をメモリ中に格納したものである．一般に CPU への命令は**機械語** (machine language) とよばれ 2 進数の羅列であり，人間が理解することは難しい．そこで，命令の

10.2 ソフトウェア

意味を簡略化した記号などで表す**アセンブリ言語** (assembly langauge) などをはじめ，より人間が理解しやすい**高級言語**が用いられるようになっている．ソフトウェアは機能により，オペレーティングシステム，アプリケーションソフト，BIOS などに分けられる．

(1) オペレーティングシステム

コンピュータを使ううえで，基本的，共通的に用いられるソフトウェアの集合を共通ソフトウェア，またはオペレーティングシステム (**OS** : operating system) とよぶ．OS の機能を用いることにより，ソフトウェア開発者の労力を低減することができる．たとえば OS はハードウェアの相違をある程度吸収してくれるため，ある OS 向けに開発されたアプリケーションソフトは，同じ OS さえ動けばコンピュータのハードウェアを問わない．OS の代表的なものとしては，DOS，Windows，Mac OS などがあり，サーバ用途では UNIX 系の OS も用いられている．

(2) アプリケーションソフト

アプリケーションソフト (application software) は，ワープロ，表計算，インターネットブラウザなど，特定の目的に適合したソフトウェアである．メカトロニクス関連でよく使うアプリケーションソフトとしては，I/O に対する入出力命令を備えた BASIC や C などのプログラム開発言語であることが多い．また，データ収集，入出力などを総合的に行うことができるパッケージソフトウェアが用いられる場合もある．

(3) BIOS

コンピュータに接続された I/O 機器の入出力を制御するプログラムで，**BIOS** (バイオス ; basic input output system) とよばれる．これらは OS のさらにハードウェアよりの基本的なプログラムであり，コンピュータのマザーボードに合わせて提供される．フラッシュメモリに格納されており，適宜，最新のものに更新することができる．

10.3 デジタルプロセス制御とハードウェア

図 10.9 に，物理プロセス一般をコンピュータシステムにより制御する場合のブロック図を示す．制御対象に対してアクチュエータを用いて入力の制御を行うが，アクチュエータの入力仕様により，与える信号はアナログ，またはデジタルである．また，フィードバックを行うため各種センサを用いるが，これもアナログ，デジタル出力仕様が混在する．そこで，A/D コンバータや D/A コンバータによりデータの変換を行う必要がある．コンピュータではすべてのデジタルデータをもとに，一定時間ごとに演算処理を行い，新たなデータを出力し，プロセスを目標値に到達させる．プロセスの内容によりアクチュエータやセンサは異なるが，コンピュータを用いて制御を行う場合に必要なハードウェアは，ほぼこの図に集約されているといえる．

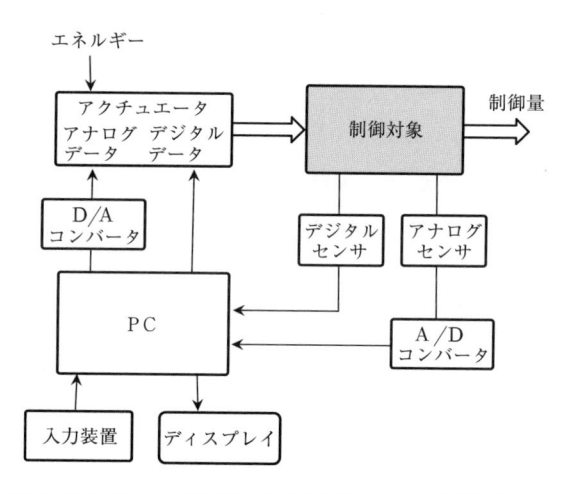

図 10.9 コンピュータを用いた物理プロセスの制御ブロック図

10.4 AT 互換機のアーキテクチャ

AT 互換機は，1984 年に IBM 社が発表した「IBM PC/AT」が源流であるが，同社が内部の情報公開を推し進めた結果，このハードウェア構成 (architecture；アーキテクチャ) がパソコンの業界標準となった．ソフトウェアレベルでの日

10.4 AT 互換機のアーキテクチャ

本語，漢字表示を実現した OS である DOS/V とともに登場したことから日本では DOS/V マシンともよばれ，読者諸君のパソコンも大部分がこれであろう．また，実験室の計測制御用のパソコンも DOS/V マシンであることが多いと思われる．そこで本節では，DOS/V マシンのハードウェアについて示すことにする．

10.4.1 ハードウェア構成

図 10.10 に，AT 互換機のアーキテクチャを示す．CPU として，インテル社の Pentium プロセッサや，AMD 社の Athlon などが用いられる．CPU とメモリや周辺機器とのデータのやり取りは，**チップセット** (chip set) とよばれる専用 IC を介して行われる．チップセットは，通常 2 個で構成され，メモリや AGP (accelerated graphics port) などの高速バスを対象とする**ノースブリッジ** (north bridge) と，周辺機器や PCI(peripheral component interconnect bus) スロットなどを対象とする**サウスブリッジ** (south bridge) からなる．バスは 4 種類あり，CPU とノースブリッジ間の FSB (front side bus)，メモリバス，画像データ用の AGP バス，周辺機器用の PCI バスがある．

10.4.2 バスの種類

（1） **FSB バス**

システムバスともよばれ，CPU の外側とデータ交換を行うための主要なバスである．64 ビット幅で数百 MHz のクロック周波数で駆動される，システム最速のバスである．

（2） **メモリバス**

FSB バスとほぼ同等であるが，DRAM で構成したメモリモジュールの応答速度に合わせて，多少クロックが遅くなっている．

（3） **AGP バス**

AGP は高速なビデオグラフィクス専用のバスであり，従来 PCI バスに接続していたビデオ I/F とのデータ通信速度を大幅に改善した．3 次元画像などに用いられる多角形 (ポリゴン) の高速描画に威力を発揮する．

182   10 コンピュータの構成

```
                        ┌─────┐
                        │ CPU │
                        └──┬──┘
                           │ ← FSB
                           │   バス幅　：64ビット
                           │   クロック：100〜500MHz
                           │   転送速度：1G〜6.4GB/s
```

AGPバス
バス幅　：32ビット
クロック：66〜533MHz
転送速度：266MB〜2.1GB/s

メモリバス
バス幅　：64ビット
クロック：100〜133MHz
転送速度：1G〜3.2GB/s

ノースブリッジ
- AGPコントローラ
- ホストブリッジ
- バスコントローラ
- メモリコントローラ

AGPカード（画像表示）　　　　メモリ

チップセット

Hyper Link, Hyper Tranportなど
バス幅　：32ビット
クロック：66〜400MHz
転送速度：266〜800MB/s

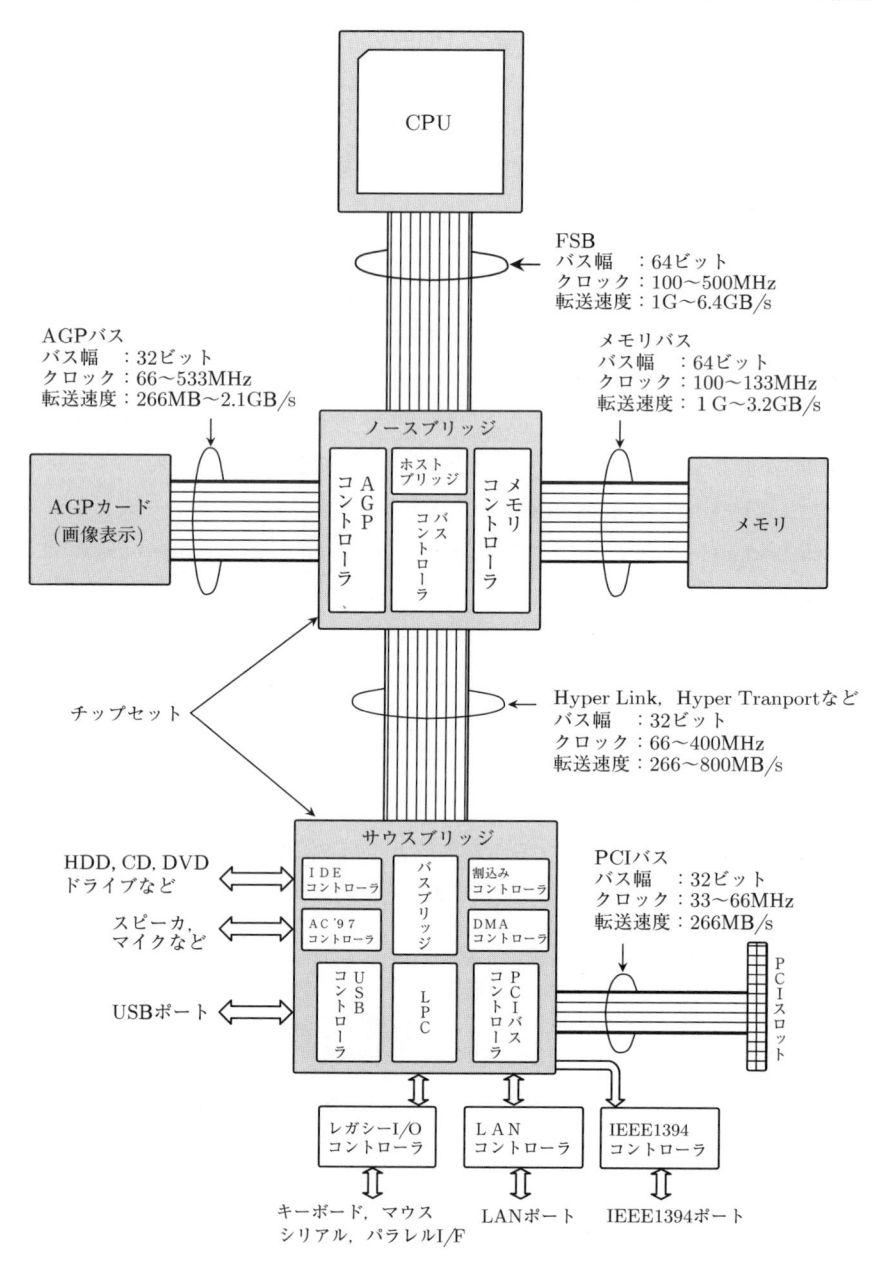

サウスブリッジ
- IDEコントローラ
- バスブリッジ
- 割込みコントローラ
- AC'97コントローラ
- DMAコントローラ
- USBコントローラ
- LPC
- PCIバスコントローラ

HDD, CD, DVDドライブなど
スピーカ, マイクなど
USBポート

PCIバス
バス幅　：32ビット
クロック：33〜66MHz
転送速度：266MB/s

PCIスロット

レガシーI/Oコントローラ → キーボード, マウス, シリアル, パラレルI/F
LANコントローラ → LANポート
IEEE1394コントローラ → IEEE1394ポート

図 10.10　AT 互換機のアーキテクチャ

10.4 AT 互換機のアーキテクチャ

(4) PCI バス

周辺機器の接続用のバスであり，I/F ボードを差し込む PCI スロットとともに用いられる．現在の PC では最も遅いバスであるが，PCI–X 規格により広幅化，高速化が図られている．

10.4.3 チップセットの働き

チップセットは，CPU のクロックやシステムの機能により常に仕様が向上されている．インテル社の代表的なチップセットの仕様は，表 10.1 のようである．

表 10.1 インテル社のチップセットの例

名称	クロック	最大メモリ	CPU	ソケット
i845	400MHz	3GB	Pen4	423/478
i845 E/PE/G/GE/GL	400/533MHz	2GB	Pen4/Celeron	478
i865 PE/G	400/533/800MHz	4GB	Pen4/Celeron	478
i875	533/800MHz	4GB	Pen4/Celeron	478

(1) ノースブリッジ

ノースブリッジは，CPU やメモリ，グラフィック I/F などの高速バスを扱うチップで，システムコントローラ，メモリコントローラハブ (MCH：memory contoroller hub) などともよばれる．ホストブリッジは全体のデータの流れを制御し，バスコントローラによりサウスブリッジとデータのやりとりを行うとともに，AGP コントローラを介して画像データの通信を行う．メモリコントローラは，外部メモリと CPU との間で仲立ちをするが，より一層の高速化を指向して，メモリコントローラを CPU 内部に実装する傾向がある．

(2) サウスブリッジ

サウスブリッジは，周辺機器との接続に重要な役割を果たし，I/O コントローラハブ (ICH：I/O contoroller hub) ともよばれる．ノースブリッジとは，

従来 PCI バスで結ばれていたが，最近では Hyper Link，Hyper Tranport などと称する高速バスが用いられている．サウスブリッジ内には各種の I/F コントローラが内蔵されている．このうちで LPC(low pin count) とは，旧来の ISA バスが低速度のため廃止されたとき，キーボードやマウス，シリアル，パラレル I/F などを接続するため，少ない信号線 (7～13 本) で入出力を行うために新たに設けられたバスである．

DMA(direct memory access) とは，CPU を介さずに直接周辺機器からメモリにアクセスしてデータを授受する方法で，ハードディスクのデータ書き込み，読み取り時などに使われる．このときバスを占有する機器をバスマスタ (bus master) という．今日では，周辺機器側に高速の DMA コントローラを設置する外部 DMA 方式 (バスマスタ方式) の割合が増えている．メカトロニクス関連では，高速 A/D 変換したデータをメモリに DMA で格納したり，D/A 変換による波形発生時にデータをメモリから DMA で呼び出す場合などがあげられる．

割込み (interrupt) は，特定のハードウェアからの要求によりソフトウェアを起動するもので，たとえばキーボードのキーが押されたことを検知し，画面に表示するときなどに用いられている．割込みコントローラは，複数の割込みの優先順位を決定する働きをする．

10.4.4　OS とアプリケーション

AT 互換機に使用可能な OS としては，マイクロソフト社の Windows が圧倒的なシェアを誇っている．Windows 以前はコマンドを入力することによりソフトウェアの動作を行っていたが，マウスを用いた GUI(graphical user interface) の使いやすさにより，爆発的に普及した．また，アプリケーションソフトウェアなども，現在では Windows ベースで作られている場合がほとんどである．

一方，AT 互換機に使用できる UNIX 系の OS として，フリーソフトである Linux，FreeBSD などが用いられることがある．しかしアプリケーションが少ないことから，サーバなどの特定用途に用いられる場合がほとんどである．

演習問題 **10**

10.1 以下の略語について調べよ．
- (1) FDD
- (2) CD
- (3) DVD
- (4) IDE
- (5) PGA
- (6) DIMM
- (7) IRQ
- (8) PCMCIA

10.2 ハードディスク上のデータを安全に保存するためには，どのような対策が必要かについて述べよ．

11 コンピュータによる機器制御

　これまで 10 章にわたって学習してきた集大成として，コンピュータを用いてメカトロニクス機器を制御する方法について示す．ここでは使用するハードウェアの差を考えに入れ，インターフェースについての基本的，概念的な設計・製作手法について述べている．モータの駆動パルスを発生するインターフェースとその駆動用ソフトウェアについて例題を示すとともに，コンピュータから離れた場所にあるコントローラへの信号伝送手法についても紹介する．

11.1　データの入出力の基本

　パソコンと周辺機器間でデジタルデータのやり取りを行うための I/O ポートとしては，各ビットデータを並列に並べるパラレルインターフェースと，時系列データとして授受するシリアルインターフェースがある．ここではわかりやすく単純な 8 ビットのパラレルインターフェースについて，基本的な設計を行ってみよう．

例題 11.1

　パソコンのデータバスから 8 ビットのデジタルデータを入出力するため，3 状態バッファと表 11.1 のバス信号線を用いてパラレル I/O ポートを設計せよ．コントロールバスの $\overline{IOW}$ と $\overline{IOR}$ は，それぞれ CPU が I/O から読み取りを行うときの同期信号 (ストローブ信号; strobe signal)，CPU が I/O に対して書き込みを行うときのストローブ信号で，これらが 0 であるとき，アドレスバス，データバスのデータが有効であることを示す (負論理)．入出力のポートアドレスとして $(7A)_{16}$ を使用せよ．

表 11.1 バスの信号線

データバス	アドレスバス	コントロールバス
D_0(LSB)	A_0(LSB)	$\overline{IOW}$(データ書き込み)
D_1	A_1	$\overline{IOR}$(データ読み取り)
D_2	A_2	
D_3	A_3	
D_4	A_4	
D_5	A_5	
D_6	A_6	
D_7(MSB)	A_7(MSB)	

解答 はじめに，8ビットの入出力部分を設計する．バッファは，前章の図10.8と同様に，コントロール入力 $= L$ のときハイインピーダンス，H のときデータ入出力を行うものとし，8ビット分並列に配置する．ただし，I/Oポート側は入力用と出力用の信号線を分離してある．次に，データの入出力を示す信号 $\overline{IOR}$ と $\overline{IOW}$ をバッファのコントロールに入力する．データの流れる方向を考え，$\overline{IOR}$ は，機器側からバスに向かうバッファの制御信号線に入力し，$\overline{IOW}$，バス側から機器に向かうバッファの制御信号線に入力する．このときの回路を図11.1に示す．

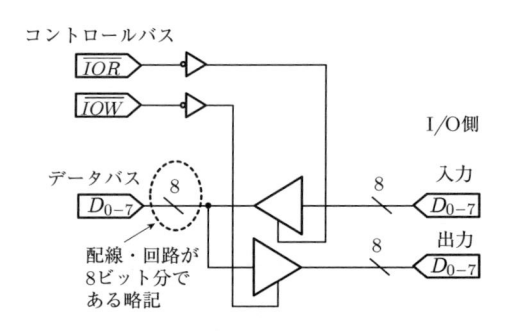

図 11.1 8ビット入出力用回路

本回路でも入出力動作は可能であるが，アドレスの指定条件を満たしていないため，このままでは他の機器への入出力であっても自分への入出力と誤解し，誤動作を起こす．そこで，指定アドレスになったときのみ動作するように，**アドレスデコード** (address decode) **回路**を付加する．題意より8ビットのアドレスは $(7A)_{16} = (0111\ 1010)_2$ であるので，これに対応する論理出力 Y は

$$Y = \overline{A_7} A_6 A_5 A_4 A_3 \overline{A_2} A_1 \overline{A_0} \tag{11.1}$$

11.1 データの入出力の基本

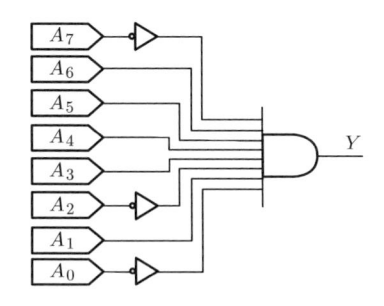

図 11.2 $(7A)_{16}$ アドレスデコード回路

のように得られる．これを論理回路で実現すると，図 11.2 となる．

次に，信号 Y を用いて，$\overline{IOR}$ と $\overline{IOW}$ 信号が指定アドレスのときのみ働くようにゲートを付加しよう．AND ゲートにより各信号線の論理積をとれば，指定アドレスと書き込みまたは読み取りのストローブ信号がきたときのみ，バッファをデータバスに接続することができる．これはアドレスを用いたインターロック回路とみなすことができ，最終的に得られた回路は，図 11.3 のようになる．

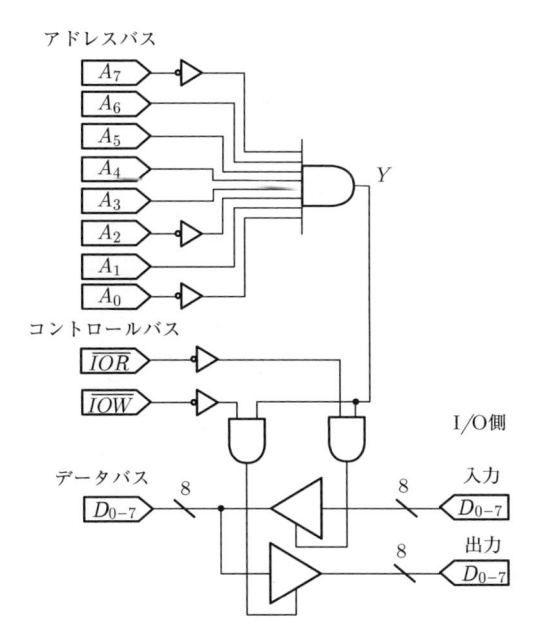

図 11.3 アドレス $(7A)_{16}$ をもつ 8 ビットパラレル I/O ポート

例題 11.2

I/O ポートの動作チェックを行うため，LED を用いた表示回路およびスイッチを用いた入力回路を考案せよ．

解答 LED は TTL の場合，図 11.4 のようにバッファの吸い込み電流を用いて点灯する．バッファの入力側をパラレル I/O ポートの出力側につなげば，入力 L のとき出力 $H \to$ LED 点灯せず，入力 H のとき出力 $L \to$ LED 点灯となり，バスから出力されたデータ信号線の論理を LED の点灯により知ることができる．

また，データ入力に関しては，図のようにスイッチと直列に 3.3〜4.7kΩ の抵抗を挿入し，スイッチが開放されているときでも TTL の入力を強制的に H レベルに設定する．これは，TTL の入力端子を開放にしておくとノイズが乗りやすく論理出力が不安定になるので，誤動作を防止するためである．このような抵抗を**プルアップ抵抗** (pull up registor) という．

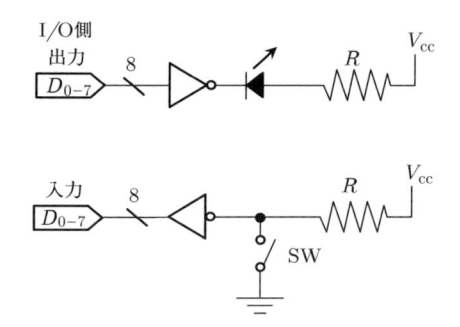

図 11.4 パラレルポートの入出力チェック回路

11.2 入出力のソフトウェア

前節までの例題でハードウェアとしての入出力方法を示したが，実際にコンピュータと I/O ポートとのデータのやり取りを行うためには，ソフトウェアにより I/O ポートに対する書き込み，読み取り命令を実行しなければならない．このような動作を実現する命令として，アセンブラ，BASIC，C などのプログラム言語では，表 11.2 のようなコマンド，関数が用意されている．

11.2.1 パラレル I/O 駆動ソフトウェア

表に示した入出力命令，関数を用いて，簡単な I/O のプログラムを作成してみよう．

11.2 入出力のソフトウェア

表 11.2 入出力の命令,関数

プログラム言語	ポートへの入力	ポートへの出力
アセンブラ	IN A,PORT	OUT PORT,A
	PORT 番地から A レジスタへ読み込み	PORT 番地への A レジスタの書き込み
BASIC	DATA=INP(PORT)	OUT PORT,DATA
	PORT 番地から DATA へ読み込み	PORT 番地への DATA の書き込み
C	data=inp(port)	outp(port,data)
	port 番地から data へ読み込み	port 番地への data の書き込み

─── 例題 11.3 ───

例題 11.1,11.2 の回路を用いて,8 個の LED を 1 つおきに交互に点灯を繰り返すプログラムを作成せよ.

解答 LED は H のとき点灯するから,$(1010\ 1010)_2 = (AA)_{16}$ と $(0101\ 0101)_2 = (55)_{16}$ を交互に出力するようにすればよい.またデータ出力後,一定時間待って次のデータ出力を行わないと変化が速すぎてみえないので,待ち時間設定用に繰り返しループを入れるようにする.ループカウンタの値を変えれば,点灯のタイミングを調節することができる.以下のリストは,BASIC でのプログラム例である.

```
1  'PORT OUTPUT
2  PORT=&h7A: TIM=&hFFFF    :アドレス,タイマの設定
3  DATA1=&hAA: DATA2=&h55   :出力データの設定
4  *LP
5  OUT PORT, DATA1          :ポートへ DATA1 出力
6  FOR I=0 TO TIM : NEXT I  :一定時間保持のループ
7  OUT PORT, DATA2          :ポートへ DATA2 出力
8  FOR I=0 TO TIM : NEXT I  :一定時間保持のループ
9  GOTO *LP                 :繰り返し
```

11.2.2 ステップモータの駆動

パラレル I/O とソフトウェアによるパルス発生を用いて,ステップモータのドライバを駆動するプログラムについて考えよう.

─── 例題 11.4 ───

例題 11.3 と同様のパラレル I/O ポートを用い,図 9.10 のステップモータ駆動のテーブルを左右に指定パルス分だけ駆動するプログラムを作成せよ.なお,駆

動信号は方向別 CW, CCW によるものとし，図 11.5 のように右方向への駆動信号 CW をビット 0 に，左方向 CCW をビット 1 に割り当てるものとする．また，テーブルの左右のリミットスイッチの信号を $LLSW$, $RLSW$ とし，それぞれビット 0，ビット 1 に割り当てる．リミットスイッチ信号は，通常を L，テーブルに押された状態を H とする．

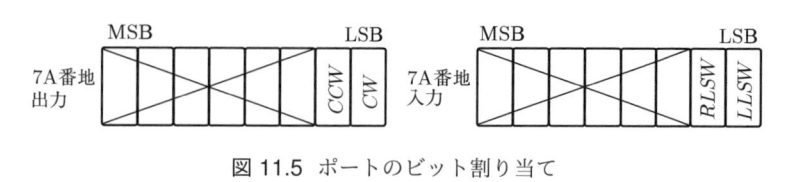

図 11.5 ポートのビット割り当て

解答 基本的には前例題と同じ考え方でよいが，この例ではリミットスイッチの信号を検出して，ソフトウェア的にインターロックをかける必要がある．そのため，モータ駆動パルスを発生させるループ中で，常にリミットスイッチの状態を監視し (LIMIT=INP(PORT) 文)，スイッチが働いたときはただちにモータの駆動を停止する必要がある．

```
1   'STEP MOTOR CONTROL
2   PORT=&h7A: TIM=&hFFFF     : アドレス，タイマの設定
3   *IN
4   INPUT "R:+/L:-";PULSE     : パルス数/方向を±数値で入力
5   IF PULSE>1 THEN DATA=1    : ビット 0 を H に設定
6   IF PULSE<1 THEN DATA=2    : ビット 1 を H に設定
7   PULSE=ABS(PULSE)          : パルス数の絶対値
8   *LP                       : パルス発生ループ
9   LIMIT=INP(PORT) AND &h3   : LSW データ下 2 ビット読込
10  LIMIT=1 THEN GOTO *LL     : 左 LSW オンチェック
11  IF LIMIT=2 THEN GOTO *RL  : 右 LSW オンチェック
12  OUT PORT, DATA            : CW/CCW を H
13  FOR I=0 TO TIM : NEXT I   : 一定時間保持のループ
14  OUT PORT, 0               : CW/CCW を L
15  FOR I=0 TO TIM : NEXT I   : 一定時間保持のループ
16  PULSE=PULSE-1             : パルス数カウント
17  IF PULSE<> THEN GOTO *LP  :
18  GOTO *IN                  : 次の入力
19  '                         :
20  *LL                       : 左 LSW オン
21  PRINT "左 LSW エラー!"    : 左エラーメッセージ
22  GOTO *IN                  : 再入力
23  '                         :
24  *RL                       : 右 LSW オン
25  PRINT "右 LSW エラー!"    : 右エラーメッセージ
26  GOTO *IN                  : 再入力
```

11.3 パラレルポート用 IC

これまで，個別のバッファ回路を用いたパラレル I/O ポートの構成法について示したが，実際にはパラレル入出力を専門に受けもつ周辺回路用 LSI があり，これを使うと，簡単で多機能なパラレルインターフェースを構成することができる．

11.3.1 パラレルインターフェース 8255

8255 はインテル社の 8086 などの 86 系[1] CPU に用いる PPI(programmable peripheral interface) であり，パラレル入出力を行う専用 IC として代表的なものである．古くからあるデバイスのため単体としての入手は難しくなりつつあるが，使いやすく広く普及していたため，現在でもほぼ同等の機能をもつデバイスがパラレルインターフェースに組み込まれていることが多い．そこで，8255 の機能について示すことにする．

図 11.6 に，8255 の内部構成を示す．3 つの 8 ビット入出力ポート A～C とコントロールワードレジスタ (CWR : control word registor) があり，アドレ

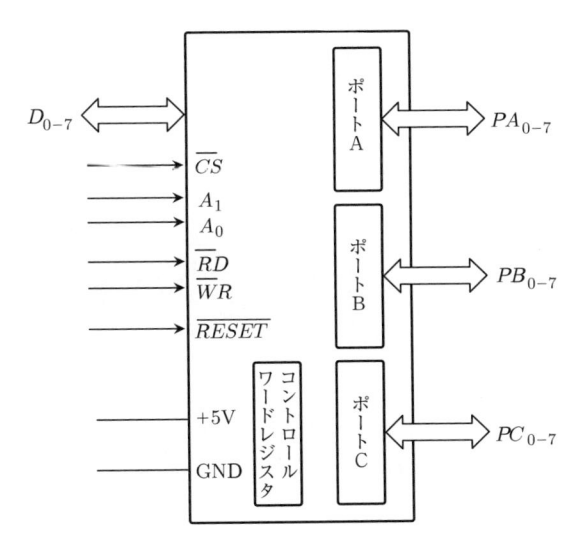

図 11.6 PPI8255 の内部構成

---

[1] CPU2 大勢力のうち，モトローラ社の 68000 シリーズ，通称 68 系に対する呼び名．

ス信号 A_1, A_0 により，表 11.3 のように選択される．$\overline{CS}$ は，チップセレクト (chip select) 信号であり，通常，アドレスデコーダの出力を接続する．また，$\overline{RD}$, $\overline{WR}$ は，例題 11.1 中の $\overline{IOR}$, $\overline{IOW}$ 相当のストローブ信号である．また，$\overline{RESET}$ は，電源投入時などにチップを初期化する信号線である．

表 11.3 PPI8255 のアドレス

A_1	A_0	アクセス先
0	0	ポート A
0	1	ポート B
1	0	ポート C
1	1	コントロールワードレジスタ

表 11.4 PPI8255 のコントロールワード

CWR のビット	数値	動作
ビット 7	常に 1	
ビット 6,5	0,0	ポート A をモード 0 に設定
	0,1	ポート A をモード 1 に設定
	1,*	ポート A をモード 2 に設定
ビット 4	0	ポート A を出力に設定
	1	ポート A を入力に設定
ビット 3	0	ポート C 上位 4 ビットを出力に設定
	1	ポート C 上位 4 ビットを入力に設定
ビット 2	0	ポート B をモード 0 に設定
	1	ポート B をモード 1 に設定
ビット 1	0	ポート B を出力に設定
	1	ポート B を入力に設定
ビット 0	0	ポート C 下位 4 ビットを出力に設定
	1	ポート C 下位 4 ビットを入力に設定

* はどちらでも可

8255 は CWR の各ビットに値を書き込むことにより，表 11.4 のように各ポートの動作を決めることができる．ここでモードとは，以下のように定義される．

　モード 0： 基本的な入出力モードで，ポート A, B, C のそれぞれを入出力に使用する．

　モード 1： ポート A, B を入出力に使用し，ポート C をデータ転送のタイミング制御に使うモード．

11.3 パラレルポート用 IC

モード 2: ポート C を用いてポート A を双方向の入出力ポートとして使う
モード (モード 1 の双方向版).

これらモードのうちでよく用いられるのが，モード 0 の単純なパラレル I/O である．

--- 例題 11.5 ---
8255 をモード 0 で用い，ポート A を出力，ポート B を入力，ポート C を出力に設定するには，CWR にどのような数値を書き込めばよいかを示せ．

解答 表 11.4 より，$D_7 = 1$，ポート A モード 0 が $D_{6,5} = 00$，ポート A 出力が $D_4 = 0$，ポート C 上 4 ビット出力が $D_3 = 0$，ポート B モード 0 が $D_2 = 0$，ポート B 入力が $D_1 = 1$，ポート C 下 4 ビット出力が $D_0 = 0$ であるから，$(1000\ 0010)_2 = (82)_{16}$ を書き込めばよい．

11.3.2 8255 によるパラレル I/O ポート

8255 を用いて，8 ビットの I/O ポートを構成してみよう．

--- 例題 11.6 ---
例題 11.1 と同様のパラレル I/O ポートを 8255 を用いて構成せよ．

解答 I/O アドレスとして，ポート A $= (7A)_{16}$，ポート B $= (7B)_{16}$，ポート C $= (7C)_{16}$，CWR $= (7D)_{16}$ とした場合の回路図を図 11.7 に示す．個別部品を用いた場合に比べて回路構成が簡単で，多機能でビット幅の大きいパラレルインターフェースが構成されている．

このように構成したパラレルインターフェースに対して，p.192 と同様のプログラムを書いてみよう．

--- 例題 11.7 ---
PPI8255 により構成した I/O ポートを用い，例題 11.4 と同様のステップモータ駆動プログラムを作成せよ．ただし，CW をポート A のビット 0，CCW をポート A のビット，LLSW をポート B のビット 0，RLSW をポート B のビット 1 に割り当てるものとする．

解答 はじめにポート A を出力に，ポート B を入力に割り当てるため，CWR に $(1000\ *01*)_2$ を書き込む．ポート C を出力に設定すると，CWR は $(1000\ 0010)_2 = (82)_{16}$ であるからこれを CWR のアドレスに書き込む．

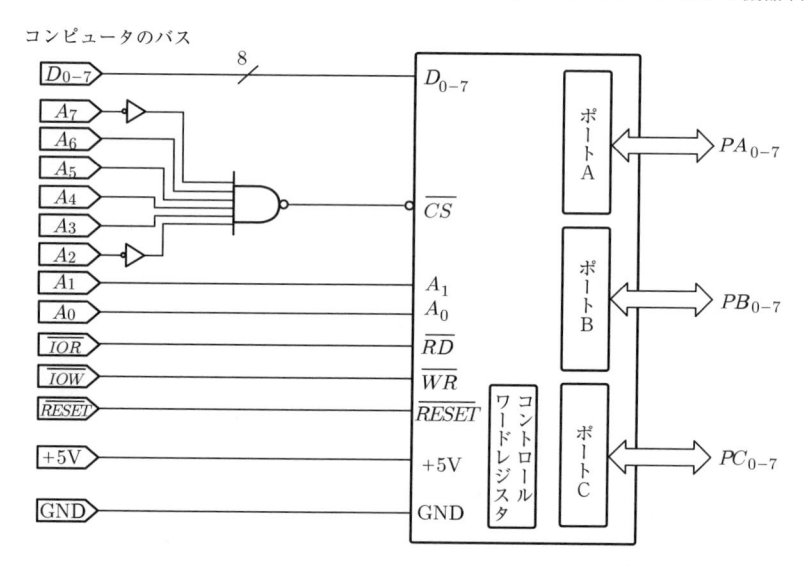

図 11.7 PPI8255 を用いたパラレルインターフェースの構成例

```
1   'STEP MOTOR CONTROL by PPI8255
2   PORTA=&h7A: PORTB=&h7B       :ポートアドレスの設定
3   PORTC=&h7C: CWR=&h7D         :ポートアドレスの設定
4   TIM=&hFFFF                   :タイマパラメータの設定
5   OUT CWR,&h82                 :CWR 設定 (A:出力, B:入力, C:出力)
6   *IN
7   INPUT "R:+/L:-";PULSE        :パルス数/方向を ± 数値で入力
8   IF PULSE>1 THEN DATA=1       :ビット 0 を H に設定
9   IF PULSE<1 THEN DATA=2       :ビット 1 を H に設定
10  PULSE=ABS(PULSE)             :パルス数の絶対値
11  *LP                          :パルス発生ループ
12  LIMIT=INP(PORTB) AND &h3     :ポート B から LSW データ読込
13  IF LIMIT=1 THEN GOTO *LL     :左 LSW オンチェック
14  IF LIMIT=2 THEN GOTO *RL     :右 LSW オンチェック
15  OUT PORTA, DATA              :ポート A の CW/CCW を H
16  FOR I=0 TO TIM : NEXT I      :一定時間保持のループ
17  OUT PORTA, 0                 :ポート A の CW/CCW を L
18  FOR I=0 TO TIM : NEXT I      :一定時間保持のループ
19  PULSE=PULSE-1                :パルス数カウント
20  IF PULSE<> THEN GOTO *LP :
```

```
21  GOTO *IN              :次の入力
22  '                     :
23  *LL                   :左 LSW オン
24  PRINT "左 LSW エラー！"  :左エラーメッセージ
25  GOTO *IN              :再入力
26  '                     :
27  *RL                   :右 LSW オン
28  PRINT "右 LSW エラー！"  :右エラーメッセージ
29  GOTO *IN              :再入力
```

11.4 信号線の接続

インターフェースやモータドライバなどに信号線を接続するとき，そのまま論理回路の信号配線を伸ばすと，ノイズの影響で誤動作を起こしやすくなる．そこで，信号線にある程度多めの電流を流すラインドライバや，フォトカプラを用いた回路などが使用される．

11.4.1 TTL ラインドライバを用いた信号伝送

信号を伝送するためによく用いられる TTL として，オープンコレクタおよびシュミットトリガ仕様のゲートがある．これらはどちらもノイズを低減することを目的に使われる．

(1) オープンコレクタゲート

図 11.8 に NAND ゲート 7400 のオープンコレクタ仕様である 7438 を示すが，図 7.24 の 7400 の様に出力が抵抗でプルアップされておらず，トランジスタ Tr_3 のコレクタがそのまま出力になり，スイッチング動作を行うことができるようになっている．これを**オープンコレクタ** (open collector) という．通常の TTL の吸い込み電流が 16 mA であるのに対し，オープンコレクタタイプは3倍の 48 mA 流すことができる (SN7400N の場合)．そこで信号の送信側として，オープンコレクタタイプの TTL を用いて，信号線に数十 mA の電流を流すことにより，信号の S/N 比を向上させることができる．なお，オープンコレクタゲートは，回路記号に * をつけて表記する．

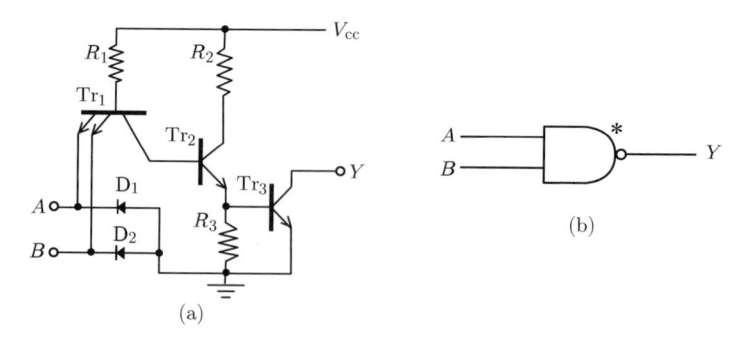

図 11.8 オープンコレクタ NAND ゲート SN7438 の内部回路 (a) と回路記号 (b)

(2) シュミットトリガゲート

受信側のゲートとして，**シュミットトリガ** (schimitt trigger) 仕様のものを用いると，ノイズの影響を少なくすることができる．これは図 11.9(a) に示すように，ゲート入出力特性にヒステリシスをもたせたもので，$L \to H$ に変化する電圧が V_{T+}，$H \to L$ に変化する電圧が V_{T-} と異なっている．ノイズのある信号が NOT 回路に入力された場合，通常のインバータでは V_T で H, L が切り替わるためチャタリングを起こす．これに対してシュミットトリガでは，上下の論理切替電圧が異なるため，$V_{T+} \sim V_{T-}$ 以内のノイズは除去することが可能である．なおシュミットトリガゲートでは，回路記号の中にヒステリシス特性を表す記号⎍を記述する．

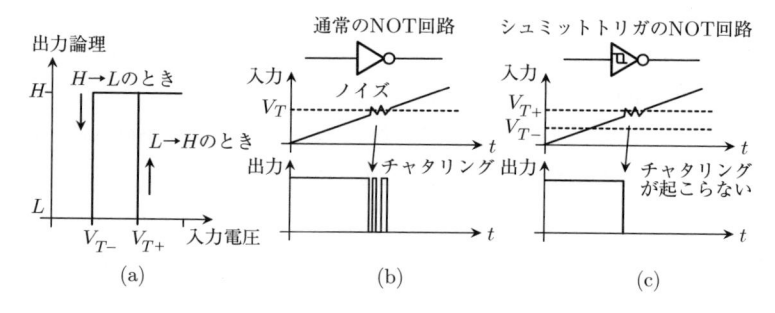

図 11.9 シュミットトリガの入出力特性 (a) と NOT 回路の入出力：(b) ノーマル，(c) シュミットトリガの場合

11.4 信号線の接続

(3) 信号伝送回路

2種類のゲートを用いて構成した信号伝送線を図 11.10 に示す．(a) は，オープンコレクタゲートを信号線駆動用のラインドライバとして送信側に用い，シュミットトリガゲートにより受信する構成である．伝送線の両端を抵抗でプルアップし，1 m 程度の伝送に使用することができる．また (b) は，回路構成は受信側にプルダウン抵抗が増えているが，基本構成は (a) と同様である．ただし，伝送線に 2 本の撚り線である**ツイストペア線** (twisted pair) を用いており，5 m 程度の伝送が可能である．ツイストペア線は，よりあわせることにより 2 本の電線の機械的平行度を増し，信号線の往路，復路に発生する電磁誘導ノイズを同じ大きさにして，たがいにキャンセルさせる働きをする．

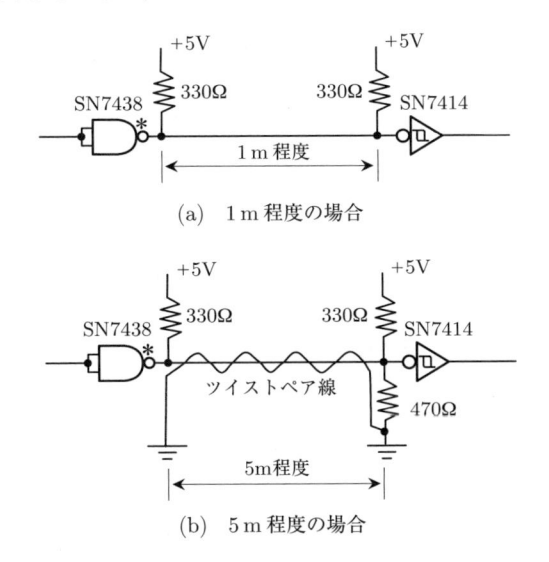

(a) 1 m 程度の場合

(b) 5 m 程度の場合

図 11.10 ケーブルによる信号伝送

11.4.2 フォトカプラを用いた信号伝送

電磁ノイズが大きい環境や，送受信回路間でアース電位が異なる場合などは，**フォトカプラ** (photo coupler) を用いると効果的である．フォトカプラは，図 11.11 に示すように，フォトダイオードとフォトトランジスタが向き合わせに組み込まれた電子デバイスである．

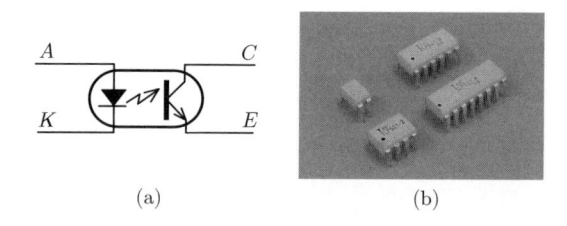

図 11.11 フォトカプラの回路図 (a) とデバイスの例 (b)

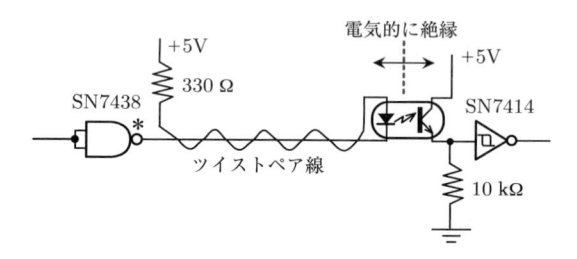

図 11.12 フォトカプラによる信号伝送回路の例

　信号伝送回路への応用を，図 11.12 に示す．フォトダイオード側をオープンコレクタゲートにより駆動して送信側とし，フォトトランジスタ側を受信側としている．モータコントローラなどのパルス入力は，このようなフォトカプラ駆動になっている場合が多い．また，フォトカプラは信号伝送にかぎらず，回路内で入出力を電気的に絶縁したい場合にも用いられる．

11.5　PIC

　小型の簡単な計測制御システムを構成する場合，パソコンでは物理的に大きすぎ，また性能もオーバースペックになってしまう場合が多々ある．このようなときは **PIC** (peripheral interface controller) とよばれるワンチップマイコンが用いられる．これは図 11.13 のように，12〜16 ビットのマイコンに EPROM やインターフェース回路が組み込まれたもので，アセンブラによりプログラミングを行う．マイクロチップテクノロジ社からさまざまな製品がシリーズ化されており，メモリのサイズ，入出力のピン数，インターフェースの種類などを選択することができる．

11.5 PIC

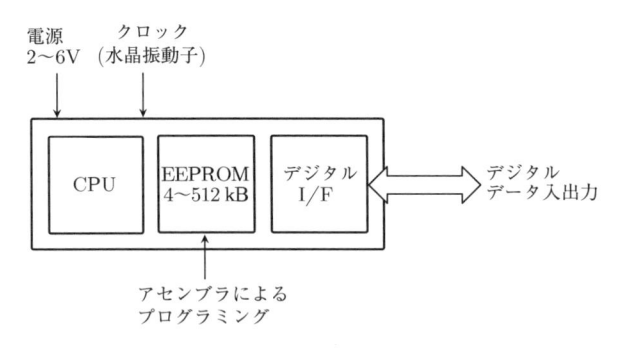

図 11.13 PIC の内部構造

図 11.14 PIC により構成した研磨装置のモータ制御回路

　図 11.14 に研磨装置制御回路への適用例を示す．ここでは，16 ビットの PIC を用いて，モータの回転数カウント，電磁石揺動周波数のカウントなどを行っている．PIC そのものはロジック IC と同じ大きさであり，パソコンを用いるのに比べて大変コンパクトなシステムにまとまることがわかる．

11.6 コンピュータによる機器制御の実際

現在では，集積回路によるハードウェアの高機能化，ソフトウェアの既製化に伴い，これまで示してきたようなハード，ソフトをはじめから作る機会は非常に少なくなっている．コンピュータによる機器制御の実際は，図 11.15 に示すように，目的とする機械システムに見合うアクチュエータ，ドライバなどを選択し，インターフェースを用いてコンピュータに接続するハードウェアと，デバイスドライバを通じて機械システムを意のままに動かすためのソフトウェアを融合したメカトロニクスシステムとして実現されるのが普通である．最近では，ハードウェアインターフェースが PCI バスやシリアル I/F から USB などの汎用バスに代わるとともにデバイスドライバ[2])が付属する場合も多くなり，ソフト，ハードとも中身がみえないブラックボックス化が進んでいる．これは機器設計や使い勝手の面では省力化，効率化に貢献するが，反面システムの脆弱性をまねき，故障などに十分対応できない可能性がある．メカトロニクスにかかわる技術者としては，技術革新の成果は適材適所で用いることが肝要であるが，このようなソフト，ハードの原理原則を理解していることは極めて重要である．

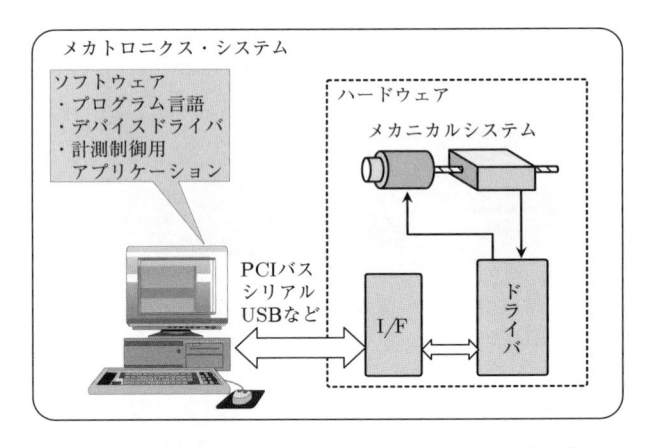

図 11.15　今日のメカトロニクスシステムの一般的な構成

---

2) OS を介してハードウェアに命令を伝えるソフトウェア．

演習問題 11

11.1 例題 11.4 で，入出力ビットを下記のように割り当てる場合，プログラムをどのように変更すればよいか記せ．

```
              MSB              LSB              MSB              LSB
7A番地    ┌──┬──┬──┬──┬──┐    7A番地    ┌──┬──┬──┬──┬──┐
出力     │CCW│CW│   ╲╱      │   入力     │RLSW│LLSW│  ╲╱      │
         └──┴──┴──┴──┴──┘             └──┴──┴──┴──┴──┘
```

11.2 例題 11.3 で，LED により 2 進数を表示するプログラムを作成せよ．

11.3 データの伝送法として，電線を用いる方法以外にどのような手法があるかを示せ．

参考文献・関連ホームページ

本書の内容についてさらに学習を進めるために，下記の参考文献をあげておく．また，関連のインターネットホームページの URL も示しておくので，参考にされたい．

機械要素・センサ関連
1. 草間秀俊ほか，機械工学概論 [第3版]，理工学社，1992．
2. 大塚二郎ほか，図解精密位置決め機構設計，工業調査会，1996．
3. 精密位置決め技術——その設計テクニック，工業調査会，1989．
4. JIS ハンドブック，日本規格協会，毎年更新．
5. 日本精工㈱，http://www.jp.nsk.com/
6. THK ㈱，http://www.thk.co.jp/
7. 日本特殊ベアリング㈱，http://www.n-s-b.co.jp/
8. 協育歯車工業㈱，http://www.kggear.co.jp/
9. 小原歯車工業㈱，http://www.khkgears.co.jp/
10. 横河電機㈱，http://www.yokogawa.co.jp/
11. オムロン㈱，http://www.omron.co.jp/
12. ㈱山武，http://www.compoclub.com/
13. ㈱村田製作所，http://www.murata.co.jp/index.html

モータ関連
1. 宮入庄太，最新 電気機器学 [改訂増補]，丸善，1979．
2. 仁田工吉ほか，大学課程 電気機器 (1)(2)[改訂2版]，1992．
3. 松井信行，電気機器学，オーム社，2000．
4. 海老原大樹，これでわかる小形モータ，工業調査会，2004．
5. 内田隆裕，モーターがわかる本，オーム社，2000．
6. 見城尚志ほか，小型モータのすべて，2001．
7. オリエンタルモーター㈱，http://www.orientalmotor.co.jp/

8. 澤村電気工業㈱，http://www.sawamura.co.jp/

電子回路関連
1. 西堀賢司，メカトロニクスのための電子回路基礎，コロナ社，1993.
2. 岸野正剛，現代 半導体デバイスの基礎，オーム社，1995.
3. 小牧省三，アナログ電子回路，オーム社，2002.
4. 堀桂太郎，ディジタル電子回路の基礎，東京電機大学出版局，2003.
5. 大熊康弘，はじめての電子回路，技術評論社，2002.
6. 後閑哲也，誰にでも手軽にできる電子工作入門，技術評論社，2001.
7. 汎用ロジックデバイス規格表，CQ 出版社，毎年更新.
8. A.R.Hambley, Electrical Engneering, Prentice-Hall, 2002.
9. NEC エレクトロニクス㈱，http://www.necel.com/
10. ナショナルセミコンダクタージャパン㈱，http://www.national.com/JPN/
11. ㈱東芝セミコンダクター社，http://www.semicon.toshiba.co.jp/

制 御 関 連
1. 高木章二，メカトロニクスのための制御工学，コロナ社，1993.
2. 藤井隆雄，制御理論，オーム社，2002.
3. 斉藤制海ほか，制御工学，森北出版，2003.
4. 伊藤正美，自動制御概論 (上)(下)，昭晃堂，1983.
5. 細江繁幸，システムと制御，オーム社，1997.
6. B.C.Cuo, Automatic Control Systems, Prentice-Hall, 1995.

PC・ソフト関連
1. 小泉修，最新図解でわかる PC アーキテチャ，日本実業出版社，2004.
2. 内田啓一郎，コンピュータアーキテクチャ，オーム社，2004.
3. 横山直隆，Visual Basic による計測・制御実験，シータスク，2002.
4. 後閑哲也，改訂版 電子工作のための PIC16F 活用ガイドブック，技術評論社，2004.

演習問題の解答

1章

1.1 直流モータは特性がわかりやすく制御しやすいが,機械的弱点としてブラシがあり,形が大きくなる.交流モータはメンテナンスフリーであるが,パワーエレクトロニクスを用いないと制御が難しく,コントローラが高価になりがちである.

1.2 加速,停止を繰り返すため,慣性が小さいことが必要である.また,小型軽量で高トルクが要求される.

1.3 圧電アクチュエータは電気的にはコンデンサとみなせるので,高速で駆動する場合,十分大きな充放電電流が流せる駆動回路が必要である.

2章

2.1 (a) 反射型フォトインタラプタの場合,図のように投光範囲と受光範囲の間が不感帯となる.
(b) ロータリーエンコーダの場合,分解能より小さい回転角に対してはパルスを出せないことから,不感帯となる.

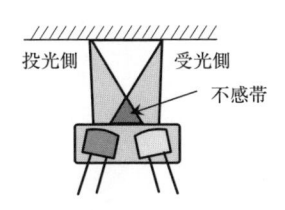

2.2 センサが大きいと熱容量も大きいので,応答が遅い.サーミスタを放熱板の温度センサに用いる場合などは,シリコングリスなどにより熱伝達をよくしておく必要がある.

3章

3.1 利点：始動抵抗が少ない，標準化が進んでおり入手が簡単．欠点：すべり軸受に比べて径が大きい，回転に伴い騒音が発生，など．

3.2 利点：騒音が発生せず，流体の圧力によりバックラッシュが少なくなる．欠点：流体を加圧するためのポンプ，配管などが別途必要になる．

3.3 転がり軸受 JIS B1500 番台，すべり軸受 JIS B1582，歯車 JIS B1700 番台，ローラーチェーンとスプロケット JIS B1800 番台，ベルトとプーリー JIS B 1850 番台，6300 番台など．

4章

4.1 5Ω

4.2 $15\mu\mathrm{F}$

4.3 (a) $2.2\mathrm{k}\Omega\pm5\%$，(b) $47\mathrm{k}\Omega\pm10\%$，(c) $10\mathrm{k}\Omega\pm1\%$

4.4 (a) 103K，(b) 472J

4.5 コイルのインダクタンス，コイルの抵抗，磁気回路によるインダクタンス，渦電流損，ヒステリシス損など．

5章

5.1 式 (5.1) より，5V のとき $330(300)\Omega$，12 V のとき 1 kΩ，24 V のとき 2.2 kΩ となる．

5.2 式 (5.3) を用いて，$10 = 0.1 \times 10^{-3} \times 500 \times h_{\mathrm{fe}2}$ より，$h_{\mathrm{fe}2} \geqq 200$．

5.3 ゲイン $= 470$ 倍．$20\log|470| = 53.4$ dB．

5.4 電流加算型 D/A コンバータ，p.128 を参照．

5.5 $C_1 = 0.33\ \mu\mathrm{F}$，$R_2 = 47$ kΩ，$C_2 = 0.0033\mu\mathrm{F}$．

6章

6.1 $(100)_{10} = (1100100)_2 = (64)_{16}$
$(1000)_{10} = (1111101000)_2 = (3\mathrm{E}8)_{16}$
$(10000)_{10} = (10011100010000)_2 = (2310)_{16}$

6.2 $Y = \overline{A}CD + A\overline{D}$
回路図は次のとおり．

演習問題の解答

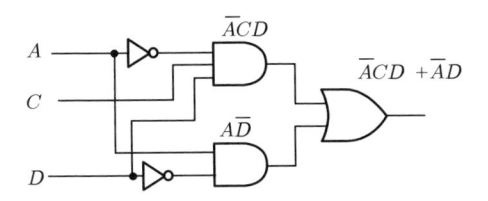

7章

7.1 $(12)_{10} = (1100)_2$ を検出してリセットをかければよいので，図 7.11 のビット検出部を下図のように置き換える．

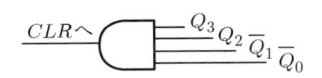

7.2 回路図は以下のとおり．

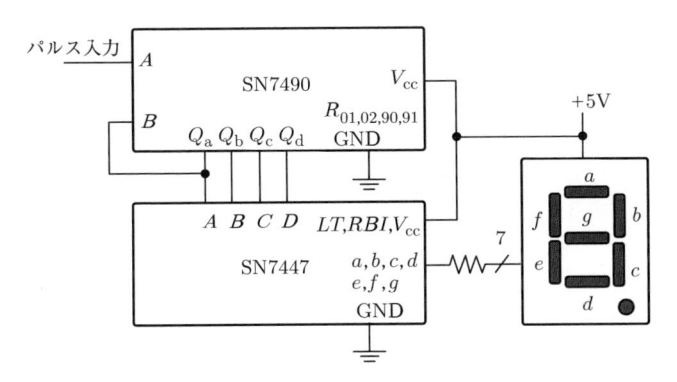

7.3 図のように，デジタル信号は特定の離散的な値しかとることができないので，アナログ信号と誤差を生じる．これを量子化誤差 (quantization error) という．変換のフルスケールに対してビット数を多くとることにより，1ビットあたりの段差を低くし，量子化誤差を低減することができる．

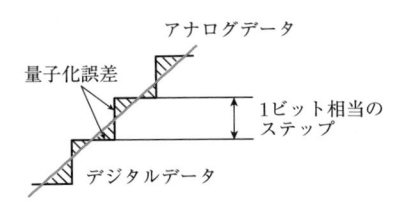

8章

8.1 (a) $g(t) = \dfrac{1}{5}e^{-\frac{t}{5}}$, (b) $g(t) = e^{-t} - e^{-2t}$, (c) $g(t) = e^{-t}\sin 2t$

8.2 下図のとおり．

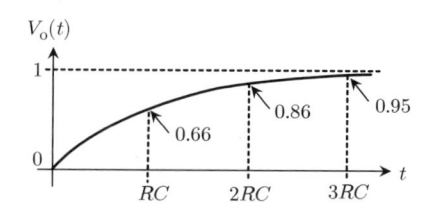

$V_o(t)$ のグラフ．RC で 0.66, $2RC$ で 0.86, $3RC$ で 0.95．

8.3 伝達関数より，$20\log|G(s)| = 20\log K\sqrt{1+(\tau\omega)^2} - 20\log\sqrt{1+(T_1\omega)^2} - 20\log\sqrt{1+(T_2\omega)^2}$ および $\angle G(s) = \tan^{-1}\omega\tau - \tan^{-1}\omega T_1 - \tan^{-1}\omega T_2$ が得られる．折点角周波数は，小さいほうから $1/T_1$, $1/\tau$, $1/T_2$ となる．図 8.16 を用いて，3 項のボード線図を重ね合わせると，次のように得られる．

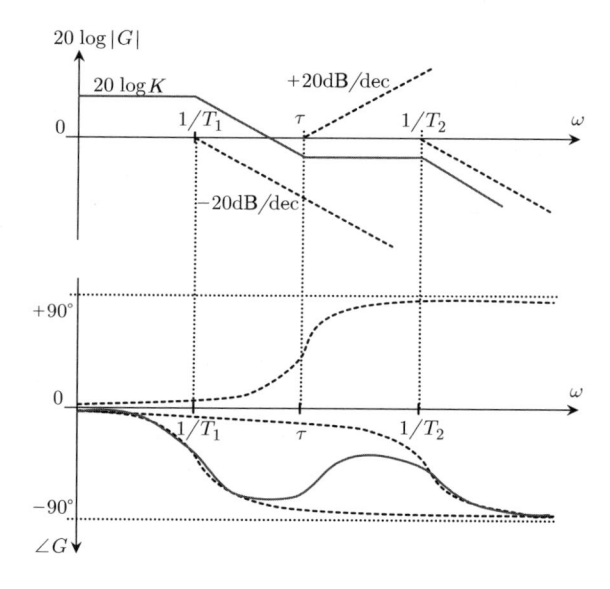

ゲイン線図と位相線図．

8.4 (a) $m\dfrac{d^2x}{dt^2} + C\dfrac{dx}{dt} + kx = kf(x)$

(b) $ms^2 X(s) + CsX(s) + kX(s) = kF(s)$ より，
伝達関数は $G(s) = \dfrac{X(s)}{F(s)} = \dfrac{k}{ms^2 + cs + k}$

(c) $\omega_n = \sqrt{\dfrac{k}{m}}$, $\zeta = \dfrac{c}{2\sqrt{mk}}$

9章

9.1 専用 IC を用いた場合，多機能で小型のシステムを構成することが可能であり，価格も安い場合が多い．ただし，特殊な機能や大パワーによる駆動などを要する場合は，個別部品による回路が有利である．

9.2 ステップモータは，それ自体がオープンループ制御系であり，位置決め機能を有しているため，制御系が簡単で安価なシステムが構成できる．しかし，高速運転などの場合，騒音やトルクむらが発生する．エンコーダ付きモータは，モーアパワー，エンコーダ分解能などが個別に設定可能で，ステップモータに比べると高分解能である．ただし，コントローラによるフィードバック制御系を必要とし，高価なシステムになりがちである．

9.3 CR による積分回路の波形から，各点のタイムチャートは次のようになる．

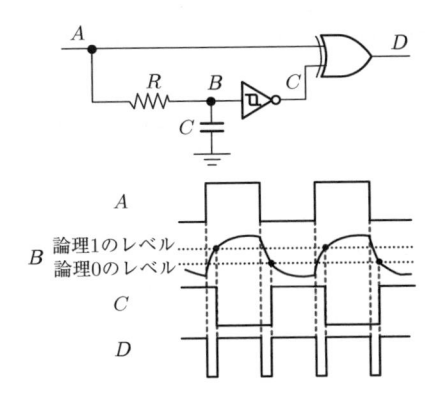

10章

10.1 以下のとおり．

(1) FDD : flopy disk drive
(2) CD : compact disk
(3) DVD : digital versatile disk
(4) IDE : integrated drive electronics
(5) PGA : pingGrid array
(6) DIMM : dual inline memory module
(7) IRQ : interrupt request
(8) PCMCIA : personal computer memory card international association

10.2 ハードウェアの故障に対しては，定期的なバックアップ，複数箇所への同一コピーの配置 (ミラーリング) などがある．また，RAID(レイド；redundant arrays of inexpensive disks) とよばれる方法では，複数のハードディスクに分散記録し，データの復元が可能である．最近では，データ記録媒体の盗難やネットワークの不正アクセスによるハッキングなどにも十分な注意が必要である．

11章

11.1 プログラムの各行を次のように変更する．

```
5   IF PULSE>1 THEN DATA=64      ：ビット6をHに設定
6   IF PULSE<1 THEN DATA=128     ：ビット7をHに設定
9   LIMIT=INP(PORT) AND &hC0     ：LSW データ上2ビット読込
10  IF LIMIT=64 THEN GOTO *LL    ：左LSW オンチェック
11  IF LIMIT=128 THEN GOTO *RL   ：右LSW オンチェック
```

11.2 BASIC での作成例は以下のとおり．

```
1   'BINARY PORT OUTPUT
2   PORT=&h7A: TIM=&hFFFF         ：アドレス，タイマの設定
3   *LP
4   FOR I=0 TO 255                ：2進数設定ループ
5   OUT PORT, I                   ：ポートへ2進数出力
6   FOR J=0 TO TIM : NEXT I       ：一定時間保持のループ
7   GOTO *LP                      ：繰り返し
```

11.3 光ファイバー，無線，赤外線などを用いる手法がある．光ファイバーは有線であるが，減衰量が小さく高速データ伝送に用いられる．無線方式は buletooth などの高度な通信手法が開発されているが，データの漏洩に注意が必要である．赤外線は，遮蔽物がある場合は伝送不能となる．

索　引

欧文索引

A/D converter　130
Abbe's principle　32
active high　121
active low　120
actuator　1
address　174
AGP　181
ALU　174
AND　102
anode　79
arithmetic and logic unit　174
armature　3
assembly langauge　179
astable multivibrator　127
asynchronous counter　123

ball screw　49
band-pass filter　98
base　83
basic input output system　179
BCD　101
BCD counter　123
bimorph　20
binary counter　122
binary ladder D-A converter　129
binary number　99
BIOS　179
bit　100
block diagram　141
Bode diagram　156
Boolean algebra　92, 102

branch　137
breakdwon voltage　81
brush　1
brushless motor　15
buffer　105
buffer amplifier　94
bus　173
bus master　184
bush chain　48
byte　174

C–MOS　133
cam　50
capacitive reactance　68
capacitor motor　9
carrier　78
cathod　79
cavitation　22
central processing unit　173
channel　86
chattering　118
chip set　181
choke coil　71
closed-loop control system　140
closed-loop transfer function　143
cogging　15
collector　83
commutator　1
comparator　91
complementary　135
compound excitation motor　6
conductor　77
control unit　174

controlled variable　140
controller　150
convolution　145
coreless motor　5
Coriolis force　36
corner frequency　157
counterelectromotive force　72, 149
CPU　173
critical damping　153
Curie point　19

D flip-flop　119
D/A converter　128
damping constant　153
Darlington　85
data latch　126
De Morgan's theorem　106
decade　157
decade counter　123
decimal number　99
depletion　87
depletion layer　79
differential amplifier　95
differentiator　97
diode　79
diode-bridge full-wave rectifier　80
direct drive motor　15
direct memory access　184
DMA　184
don't care　139
drain　86
DRAM　176
dual slope integrator A/D converter　130
duality　71
duty ratio　13
dynamic brake　18

eddy current　3
edge-triggerd　119
EEPROM　176
electric dipole moment　18
electro-luminescence　81
emitter　83
endian　175
enhancement　87

Euler's formula　154
exclusive OR　105

fan out　135
Faraday's law　72
feedback　140
field　3
field effect transistor　86
first order system　148
flat belt　47
Fleming's left-hand rule　1
flip-flop　117
follower　51
free electron　78
free wheel diode　162
frequency devider　123
frequency response　154
front side bus　181
FSB　181
full-wave rectifier　80

gate　86, 109
Gray code　102
GTO　90
GUI　184
gyroscope　36

half-wave rectifier　80
Hall effect　29
Hamming distance　102
hazard　124
herical gear　45
hexadecimal number　100
high-pass filter　97
hole　78
hydraulic actuator　21

I/O　173
imaginal short　91
impulse response　145
impurity semiconductor　77
indicial response　143
induced elecromotive force　71
induction motor　10
inductive reactance　68
input output device　173

索　引

insulator　77
integrator　97
interface　161
interlock　139
interrupt　184
intrinsic semiconductor　77
inverter　12
inverting amplifier　91

JK flip-flop　120

Karnaugh map　110

laminated piezo actuator　20
Laplace transform　145
LED　81
Lenz's law　72
limit switch　26
linear motor　16
load cell　34
loop transfer function　142
low-pass filter　98
LPC　184
LSB　100

machine language　178
magnetic contactor　75
memory　173
MEMS　35
metal-oxide semiconductor　86
MIL　102
modulo N counter　123
monostable multivibrator　127
MOS　86
MSB　100
multivibrator　126

NAND　104
natural undamped frequency　153
negative logic　104
node　137
noise killer condenser　163
noninverting amplifier　93
NOR　104
NOT　103
north bridge　181

Ohm's law　57
operating system　179
open collector　197
open-loop control system　141
open-loop transfer function　142
operational amplifier　90
OR　103
OS　179
over shoot　153

PAM　13
PCI　181
peripheral interface controller　200
perovskite　18
phase control　89
phasor　97
photo diode　82
photo interrupter　26
photo transistor　82
PIC　200
piezoelectric effect　18
piezoresistance effect　34
planet gear　46
plunger　17
pn junction　78
pneumatic actuator　21
polarization　19
positive logic　104
potentiometer　62,63
preload　49
principle of superposition　95
proportional control　150
pull up registor　190
pulley　47
pulse motor　13
pulse width modulation　164
PWM　12, 164

radix　99
RAM　176
ranaway　7
reactance　63
rectification　79
reduction ratio　44
reed switch　28
reference input　140
regenerative brake　18

resistance temperature detector 39
resonance 157
retainer 49
retriggerable 127
ripple counter 123
rise time 153
roller chain 48
rolling bearing 52
ROM 176
rotary encoder 29
rotor 3
round belt 47
RS flip-flop 118

SCR 88
second order system 150
second source 133
Seebeck effect 38
self-aligning 54
self-excitation method 6
semiconductor 77
separate excitation method 7
sequence control 137
sequential circuit 138
sequential logic circuit 117
series excitation motor 6
settling time 153
shaded-pole motor 9
shift register 126
shunt 59
shunt excitation motor 6
silicon controlled rectifier 88
smoothing condenser 71
solenoid coil 68
source 86
south bridge 181
sprocket 48
spur gear 44
state transition diagram 137
stator 3
step response 143
stepper motor 13
stepping motor 13
successive-approximation A/D converter 131

summing amplifier 94
synchronous belt drive 47
synchronous counter 124
synchronous motor 8
synchronous speed 9

T flip-flop 119
tachogenerator 31
thermo-couple 38
threshold voltage 79
thyristor 88
time chart 107
toroidal coil 69
transfer function 141
transistor 83
triac 89
trigger pulse 127
trimer 62
tristate buffer 178
truth table 102
TTL 133

ultrasonic motor 20
unit step function 143
unpaired electron 78
UV-EPROM 176

V-belt 47
vane 23
variable condenser 66
variable voltage variable frequency 165
vari–ohm 62
Venn diagram 106
voltage devide 58
voltage follower 93

weight 99
weighted-register D/A converter 128
wire resistance strain gauge 33
worm gear 46
wrapping connector 46

Zener breakdown 81

索　引

和文索引

あ 行

アーキテクチャ　180
アクチュエータ　1
アセンブリ言語　179
圧電効果　18
アッベの原理　32
圧力センサ　37
アドバンス　33
アドレス　174
アノード　79
アルミ電解コンデンサ　66
アルメル　39
E系列　62
行過ぎ量　153
位相制御　89
一次遅れ系　148
一巡伝達関数　142
逸走　7
インターフェース　161
インターロック　139
インディシャル応答　143
インバータ　12
インパルス応答　145
ウォームギア　46
渦電流　3
Hブリッジ　163
A/Dコンバータ　130
　──逐次比較型　131
　──二重積分型　130
エッジトリガ　119
n型　77
N進カウンタ　123
FET　86
　──エンハンスメント型　87
　──接合型　87
　──デプレッション型　87
エミッタ　83
エレクトロルミネセンス　81
演算装置　174
エンディアン　175
オイラーの公式　154
オープンコレクタ　197
オームの法則　57

オーバーシュート　153
オペアンプ　90
オペレーティングシステム　179
重み　99

か 行

界磁　3
回生ブレーキ　18
回転子　3
開ループ制御系　141
開ループ伝達関数　142
重ね合わせの原理　95
加算回路　94
加算点　141
仮想短絡　91
カソード　79
可変抵抗器　62
カム　50
カラーコード　59
カルノー図　110
緩衝増幅器　94
ギアヘッド　45
機械語　178
基数　99
軌道盤　53
逆起電力　72, 149
逆バイアス　79
キャビテーション　22
キャリア　78
キュリー点　19
共振　157
共有電子対　78
起歪柱　34
空圧アクチュエータ　21
空乏層　79
くまとりコイルモータ　9
Grayコード　102
クロメル　39
加え合わせ点　141
ゲート　86, 109
減算回路　95
減衰定数　153
減速比　44
コアレスモータ　5
降伏電圧　81
コギング　15

固定子　3
固有角周波数　153
コリオリ力　36
コレクタ　83
コンスタンタン　39
コンデンサモータ　9
コントローラ　150
コンパレータ　91, 130
コンボリューション　145

　　　さ　行

サーミスタ　40
サイリスタ　88
3状態バッファ　178
三相交流　8
三相同期モータ　9
　　――マグネット型　9
　　――リラクタンス型　9
シーケンス制御　137
シース熱電対　39
シートコイルモータ　5
C-MOS　133
しきい値電圧　79
自己消弧　90
時定数　70
自動調心　54
シフトレジスタ　126
ジャイロ　36
自由電子　78
従動子　51
周波数応答　154
16進数　100
10進カウンタ　123
10進数　99
順序回路　117, 138
順バイアス　79
消弧　89
状態遷移図　137
シリコン制御整流器　88
自励式　6
シンクロベルト　48
真性半導体　77
進相コンデンサ　9
真理値表　102
垂下特性　4
ステータ　3

ステップ応答　143
ステップ関数　143
ステップモータ　13
　　――4相永久磁石型　13
　　――リラクタンス型　14
スピードコントローラ　23
スプロケット　48
すべり　12
制御装置　174
制御量　140
正孔　78
整定時間　153
ゼーベック効果　38
整流　79
整流子　1
正論理　104, 121
セカンドソース　133
積層ピエゾ　20
積層鉄心　3
積分回路　70, 97
絶縁体　77
折点角周波数　157
セラミックコンデンサ　65
全波整流回路　80
ソース　86
双対性　71
双方向サイリスタ　89
相補的　135
ソレノイドコイル　68

　　　た　行

ダーリントン接続　85
ダイオード　79
タイミングベルト　48
タイムチャート　107
ダイレクトドライブモータ　15
タコジェネレータ　31
畳込み積分　145
立上り時間　153
脱調　9
他励式　6
単位階段関数　143
タンタルコンデンサ　66
チップセット　181
チャタリング　118
チャネル　86

中央情報処理装置　173
超音波センサ　27
超音波モータ　20
チョークコイル　71
直流増幅作用　84
直流モータ　1
　　── 永久磁石型　4
　　── 電磁石型　6
直巻　6
ツェナー降伏　81
定圧予圧　49
D/A コンバータ　128
　　── 電流加算型　128
　　── はしご型　129
定位置予圧　49
TTL　133
抵抗線ひずみゲージ　33
抵抗測温体　39
デューティー比　12
電界効果トランジスタ　86
電機子　3
電気双極子モーメント　18
点弧　88
電磁開閉器　75
伝達関数　141
同期カウンタ　124
同期速度　9
同期はずれ　9
同期モータ　8
導体　77
トーテムポール　134
ド・モルガンの定理　106
トライアック　89
トランジスタ　83
トランス　72
トリガ　88
トリガパルス　127
トリマ　62
トリマコンデンサ　66
ドレイン　86
トロイダルコイル　69

な　行

2 次系　150
2 進化 10 進符号　101
2 進数　99

入出力装置　173
熱電対　38
ノイズキラーコンデンサ　163
ノード　137

は　行

排他的論理和　105
バイト　174
バイナリカウンタ　122
ハイパスフィルタ　70, 97
バイモルフ　20
歯車センサ　28
ハザード　124
バス　173
はすば歯車　45
バスマスタ　184
歯付ベルト　47
発光ダイオード　81
発電ブレーキ　18, 163
バッファ　105
ハミング距離　102
バリオーム　62
バリコン　66
パルス振幅変調　13
パルス幅変調　12, 164
半固定抵抗　62
反転増幅器　91
反転 2 進符号　102
半導体　77
半導体圧力センサ　38
バンドパスフィルタ　98
半波整流回路　80
pn 接合　78
p 型　77
BCD カウンタ　123
ピエゾアクチュエータ　20
ピエゾ抵抗効果　34
引出し点　142
ピストン・クランク機構　52
ひずみ感度係数　33
ビット　100
否定　103
否定論理積　104
否定論理和　104
非同期式カウンタ　123
非反転増幅器　93

微分回路　70, 97
平歯車　44
平ベルト　47
比例制御　150
ファラデーの法則　72
ファンアウト　135
フィードバック　140
フィードバック抵抗　92
VVVF　165
Vベルト　47
フィルムコンデンサ　66
プーリー　47
ブール代数　102
フェーザ　97
フォトインタラプタ　26
フォトダイオード　82
フォトトランジスタ　82
フォロワ　51
不純物半導体　77
不対電子　78
複巻　6
ブッシュチェーン　48
ブラシ　1
ブラシレスモータ　15
フラッシュメモリ　177
プランジャ　17
ブランチ　137
フリーホイールダイオード　162
ブリッジ整流回路　80
フリップフロップ　117
　── RS　118
　── JK　120
　── D　119
　── T　119
プリントモータ　5
プルアップ抵抗　190
フレミングの左手の法則　1
ブロック線図　141
負論理　104, 120
分圧　58
分岐点　142
分極　19
分巻　6
分周器　123
分流　59
ベアリング　52

平滑コンデンサ　71
閉ループ制御系　140
閉ループ伝達関数　143
ベース　83
ベーン　23
ペロブスカイト　18
ベン図　106
ポート　22
ボード線図　92, 156
ホール　78
ホール効果　29
ボールスプライン　54
ボールネジ　49
保持器　49
ポテンショメータ　63
ボリューム　62
ボルテージフォロワ　93

ま　行

マイクロインダクタ　69
マイクロスイッチ　25
巻掛け伝動　46
マップトI/O　177
マルチエミッタトランジスタ　134
マルチバイブレータ　126
　── 単安定　127
　── 非安定　127
丸ベルト　47
メモリ　173
目標値　140
モジュール　45

や　行

油圧アクチュエータ　21
遊星歯車　46
誘導起電力　71
誘導モータ　10
油空圧シリンダ　22
ユニバーサルモータ　7
予圧　49
四節回転機構　51

ら　行

ラッチ　125
ラプラス変換　145

索　引

リアクションプレート　16
リアクタンス　63
　　――誘導性　68
　　――容量性　68
リード　49
リードスイッチ　28
ルップルカウンタ　123
リテーナー　49
リニアエンコーダ　31
リニアガイド　55
リニアスケール　32
リニアスライド　55
リニアモータ　16
リミットスイッチ　26
流体モータ　23
リレー　75
臨界制動　153

レオスタット　62
レンツの法則　72
ロータ　3
ロータリーエンコーダ　29
　　――アブソリュート型　30
　　――インクリメンタル型　30
ロードセル　34
ローパスフィルタ　70, 98
ローラーガイド　55
ローラーチェーン　48
ローラーフォロワ　51
論理積　102
論理和　103

わ

割込み　184

著者略歴

初澤　毅
（はつざわ　たけし）

- 1958 年　横浜市生まれ
- 1981 年　東京工業大学工学部制御工学科卒業
- 1983 年　同大学院精密機械システム修了
　　　　　通商産業省工業技術院計量研究所（現産業技術総合研究所）入所
- 1995 年　東京工業大学精密工学研究所助教授
- 2002 年　同教授，博士（工学）

Ⓒ　初澤　毅　2005

2005 年 4 月 21 日　初版発行
2022 年 10 月 5 日　初版第 9 刷発行

メカトロニクス入門

著　者　初澤　毅
発行者　山本　格
発行所　株式会社　培風館
東京都千代田区九段南 4-3-12・郵便番号 102-8260
電　話 (03)3262-5256（代表）・振替 00140-7-44725

D.T.P. アベリー・平文社印刷・牧 製本

PRINTED IN JAPAN

ISBN978-4-563-06743-4　C3053